ESSAIS

DE

JEAN REY

DOCTEUR EN MÉDECINE

I

Il a été tiré de cet ouvrage
Trois cents exemplaires numérotés.

N° 

DIJON. — IMPRIMERIE DARANTIERE.

ESSAIS

DE

JEAN REY

DOCTEUR EN MÉDECINE

SUR LA RECHERCHE DE LA CAUSE
POUR LAQUELLE L'ETAIN ET LE PLOMB
AUGMENTENT DE POIDS QUAND
ON LES CALCINE

Réimpression de l'Édition de 1630

PUBLIÉE AVEC PRÉFACE

PAR

EDOUARD GRIMAUX

MEMBRE DE L'ACADÉMIE DES SCIENCES

PARIS

G. MASSON, LIBRAIRE-ÉDITEUR

120, Boulevard Saint-Germain

1896

L'AUGMENTATION de poids des métaux pendant la calcination est une des questions qui ont le plus préoccupé les chimistes des siècles passés. Boyle l'expliquait en admettant la fixation sur le métal des corpuscules du feu, traversant les parois du vaisseau où s'opérait la calcination ; Homberg, Lemery, Nicolas, Lefèvre, acceptèrent la théorie de Boyle. Lemery la formule ainsi : « Les pores de plomb sont disposées « en sorte que les corpuscules du feu s'y sont « insinués, ils demeurent liés et agglutinés « dans les parties pliantes et embarrassantes du « métal sans en pouvoir sortir, et ils en augmentent le poids. » D'un autre côté, le père Chérubin d'Orléans repousse l'explication de

Boyle en montrant que le verre ne peut être perméable, tandis que Boernhaave et plus tard Boulduc avancent qu'il n'y a pas augmentation de poids dans la calcination des métaux. Une foule de dissertations sont publiées à ce sujet, entre autres celle de Hierne (1753), qui admet la fixation sur le métal d'un acide gras et sulfureux venant de la flamme. La question reste douteuse jusqu'au jour où Lavoisier, par sa célèbre expérience de la calcination de l'étain en vase clos, ruina définitivement l'hypothèse de Boyle et fit voir que l'augmentation du poids de l'étain est due à la fixation d'une partie de l'air atmosphérique (1774)

C'est peu de temps après, en janvier 1775, que Bayen signala l'existence des essais de Jean Rey, dans une lettre adressée au rédacteur du *Journal de Physique :*

« La cause de l'augmentation de la pesanteur « que la calcination fait éprouver à certains « métaux, écrit Bayen, a été de tout temps un « sujet de spéculations et de recherches pour les « chimistes et les physiciens,....... entre autres « on doit, à juste titre, distinguer Jean Rey,

« médecin périgourdin, qui vivait au commen-
« cement du dernier siècle. Son ouvrage, inconnu
« peut-être de tous les chimistes et physiciens
« d'aujourd'hui, m'a paru d'autant plus mériter
« d'être tiré de l'oubli, que la cause qu'il assigne
« à l'augmentation de poids qu'ont éprouvée
« les chaux de plomb et d'étain a un rapport
« immédiat avec celle qui est sur le point d'être
« reconnue de tous les chimistes......

« .... Si vous voulez insérer dans votre jour-
« nal les extraits ci-joints, les chimistes de tous
« les pays sauraient en peu de temps que c'est
« un Français qui, par la force de son génie et
« de la réflexion, a deviné le premier les causes
« de l'augmentation de poids qu'éprouvent les
« métaux, lorsqu'en les exposant à l'action du
« feu, ils se convertissent en chaux, et que
« cette cause est précisément la même que celle
« dont la vérité vient d'être démontrée par les
« expériences que M. Lavoisier a lues à la der-
« nière séance publique de l'Académie des
« Sciences. »

Depuis la lettre de Bayen, il n'est pas un traité de chimie qui ne cite Jean Rey comme un des précurseurs de Lavoisier ; mais peu de personnes ont eu l'occasion de lire le texte de Jean Rey, dont le livre est extrêmement rare, malgré l'édition que Gobet donna en 1777. Aussi avais-je l'intention depuis plusieurs années d'en donner une réimpression. C'est elle que j'offre aujourd'hui aux chimistes.

Tout ce que nous savons de Jean Rey nous est donné par lui-même dans la préface de ses essais et dans deux lettres qu'il écrivit au père Mersenne, et qui ont été publiées par Gobet ; nous ignorons la date de sa naissance, l'époque de sa mort, l'âge qu'il avait au moment où il publia ses essais.

Il naquit à Bugue, aux environs du village de Limeuil, en Périgord, situé à 38 k. de Bergerac, au confluent de la Dordogne et de la Vézère. Limeuil était alors le siège d'une baronnie appartenant aux ducs de Bouillon. C'est à Bugue que Jean Rey faisait son séjour et qu'il écrivit ses essais. Il séjournait aussi à Rochebeaucourt, chez son frère aîné, Jean Rey, sieur de la Pentosse. Il publia ses essais en 1630 ; il vivait encore en 1643.

Jean Rey s'occupait de recherches scientifiques et peut-être en même temps pratiquait-il la médecine ; c'est ce qui semble résulter d'un passage d'une lettre adressée au père Mersenne : « Il y a « diversité de thermoscopes ou thermomètres à « ce que je vois ; ce que vous en dites ne peut « convenir au mien, qui n'est même plus « qu'une petite phiole ronde ayant le col fort « long et deslié. Pour m'en servir, je la mets « au soleil, et parfois à la main d'un fébricitant, « l'ayant toute remplie d'eau fors le col. La « chaleur dilatant l'eau fait qu'elle monte le « plus et le moins, m'indiquant la chaleur « grande et petite. »

Il avait aussi inventé un fusil à vent, qu'il appelait *arquebuse pneumatique*, mais il fut détourné de l'étude des sciences, écrit-il en 1643 au père Mersenne, par *des affaires domestiques qui ont tellement traversé mon esprit, qu'elles l'ont rendu presque incapable de toutes belles conceptions.*

Les essais de Jean Rey ne passèrent pas complètement inaperçus au moment de la publication, puisque le père Marin Mersenne, de l'ordre des Minimes, qui habitait Paris, écrivit à l'auteur pour lui présenter diverses objections ; néanmoins l'ouvrage tiré à un petit nombre d'exemplaires tomba bientôt dans l'oubli. Lenglet-Dufresnoy, dans le catalogue des livres de chimie qui termine son *Histoire de la Philosophie hermétique*, publiée en 1742, dit n'en avoir eu connaissance qu'après la rédaction de son catalogue, et fait suivre le titre de la mention : *Très rare.* Quand Gobet, en 1777, voulut en donner une nouvelle édition, il n'en connaissait que deux exemplaires de la première. L'un appartenait à la bibliothèque royale, qui paraît l'avoir acquis en 1662 avec les livres de Raphaël Trichet de Fresne, dont le père, Pierre Trichet, avait été en relations avec Jean Rey et avec le maître apothicaire de Bergerac, Brun, dont l'expérience sur la calcination de l'étain avait amené le travail de Rey.

Aujourd'hui l'exemplaire de la bibliothèque nationale a disparu. M. Deherain en a signalé un à la bibliothèque Mazarine ; j'ai constaté qu'il en existe deux autres, l'un à la bibliothèque du Conservatoire des Arts et Métiers, et le second à la bibliothèque de la Rochelle. Ces trois exemplaires sont les seuls que je connaisse.

L'édition originale a pour titre : « Essais de « Jean Rey, docteur en médecine, sur la recher- « che de la cause pour laquelle l'Etain et le « Plomb augmentent de poids quand on les « calcine. — A Bazas, par Guillaume Millanges, « imprimeur du roi, 1630, in-18 de 142 pages. »

L'édition que Gobet a donnée en 1777, in-8°, chez Ruault, à Paris, quoique beaucoup moins rare, se rencontre difficilement.

Elle renferme, outre le texte des *Essais*, deux lettres de Rey et deux lettres de Brun, maître apothicaire à Bergerac, adressées au père Mersenne, deux lettres de celui-ci à Jean Rey, et une brochure que le père Mersenne avait publiée en 1634, intitulée : « QUESTION. — *Est-il vray* « *que l'Estain calciné est plus pesant après avoir* « *esté calciné que lorsqu'il est crud ?* »

Dans ces pages, l'auteur admet que la *chaux d'estain devient plus pesante, parce qu'elle attire une grande quantité de vapeurs, parmi lesquelles sont meslées plusieurs petites parties de terre qui augmentent son poids.*

Enfin Gobet a complété sa publication en

ajoutant une réimpression des brochures de Moitret d'Élément, publiée en 1718, et une dissertation du père Chérubin, d'Orléans, publiée en 1700, sur l'*imperméabilité du verre et sur la cause de l'augmentatiou du poids de l'étain et du plomb par la calcination*. Le père Chérubin y combat l'opinion de Boyle.

Une traduction des *Essais de Jean Rey* vient de paraître (1895) à Edimbourg, par les soins de l'*Alambic-Club*.

Edouard Grimaux.

ESSAYS
DE IEAN REY
DOCTEVR EN MEDECINE:

SVR LA RECERCHE DE la cause pour laquelle l'Estain & le Plomb augmentent de poids quand on les calcine.

Dediés à haut & puissant Seigneur Frederic Maurice de la Tour, Duc de Boüillon, Prince souuerain de Sedan, &c.

A BAZAS.

Par GVILLAVME MILLANGES, Imprimeur ordinaire du Roy, 1630.

A MONSEIGNEUR LE PRINCE DE SEDAN

Monseigneur,

PUISQUE *vous tirez glorieusement votre naissance des illustres Maisons de la Tour & de Nassau, qui sont deux pépinières d'une gent généreuse, s'il en est point dans l'Vnivers; celuy ne se feut pas acquis grand louange qui eust prédict vostre valeur. Il n'est personne qui ne sçache que les courageux aigles n'engendrent point le craintif pigeonneau. Aussi n'auez-vous point dégénéré; vos déportemens le témoignent. Car n'estant qu'un ieune aiglon, & chargé de duuet encore, vous auez prins un volontaire essor, & estes allé vous esprcuver vous-mesmes, non à soustenir, d'vn regard fixe, les rayons du soleil, mais bien l'esclat des armes, dans la plus celebre escole que Mars se soit iamais dressé. Dans les Prouinces Vnies, où vos augustes oncles ont cueillj tant de lauriers, que leur verdure ombrage toute la terre. Là, dis-ie, vous avez en peu de tems fait voir au corps d'un Jouuenceau l'alliage d'une prudence chenue, avec vn courage acéré à l'espreuve de tous dangers. Ce qui a induit leurs sages Estats de vous faire part honorable en la conduite de leur milice, vous mettant au chemin qui va droit aux plus hautes charges que vous promet vostre vertu. C'est notamment au siège de Bosleduc, le plus hardy & mieux conduit qui se fit oncques, où vous auez rendu de si hauts faits d'armes, que ceux qui en entendent le récit sont accablez d'admiration. Assiéger une si forte ville, & estre comme assiégés d'vn si fort ennemi : pressez entre le marteau & l'enclume ; il a bien fallu des gens de vostre sorte pour mener heureusement à bout ce tant martial deſſein! Vous sçachant dans ces vacarmes & detreſſes, i'ay ſouvent prié pour voſtre conſeruation ; nonobſtant que ie feuſſe alors moy-meſme occupé icy à combattre un autre combat : mais d'vne guerre non ſanglante, ny ſubiecte à tant de périls. Vne queſtion s'eſtoit eſmeuë, des plus ardues que la Philoſophie aye iamais produit. L'eſtain eſtant mis dans vn vaſe & réduit en chaux par la force du feu, après auoir perdu beaucoup de ſa ſubſtance en fumées, ſans y adiouſter choſe aucune, ſon poids ſe treuue néanmoins fort accreu. D'vn effect ſi manifeſte la cauſe eſtoit occulte tant & plus. Chacun en diſoit ſa penſée, & ie feus ſemons d'en dire la mienne, qui ne fut pas ſi toſt eſclose, qu'on la vint harceler de diuers lieux. De ſorte qu'il me fallut entrer en lice pour ioindre les contretenans. Mais d'occuper ores vos oreilles en racontant le ſuccès de ſes iouſtes, la modeſtie ne me le permet pas. Vray eſt que comme cét ancien conquéreur des Gaules, i'ay eſcript mes propres exploits : ce liuret n'en eſt que l'hiſtoire. Liuret auquel eſtant preſſé par mes amis de faire voir le iour, ie n'y ay peu consentir, sans que vostre nom rayonnant d'honneur feut posé tout au-devant de luy, au plus haut de son frontispice. Car contenant vne doctrine nouuelle, & contrariante en plusieurs points à la Philosophie commune, i'ay preueu que plusieurs bruiroient à l'encontre, iusqu'à esmouuoir des tonnerres : mais qu'estant comme à l'abri de vos lauriers, il seroit, en tout cas, guaranti de leurs foudres. Puis sçachant que les choses paroissent tousiours de la couleur du verre, au trauers duquel on les voit : i'ay creu ne luy pouuoir donner de lustre plus industrieux que de le faire voir à trauers la splendeur de vostre nom. Ie vous supplie, Monseigneur, aggreez cette ruse, & ne réuoquez à crime la hardiesse que ie prends de vous l'offrir, car estant nay de moy, & moy d'vne de vos terres, il semble que i'ay droit de chercher sa protection en vostre personne. Or, i'espère qu'elle ne me sera pas desniée, ains que vous prendrez plaisir que ces Essays qui font mestier de donner poids à toutes choſes, en prennent pour eux, dans l'adueu de voſtre grandeur. Cependant ie prieray Dieu pour l'augmentation & affermiſſement d'icelle, de laquelle ie ſeray tous les iours de ma vie,*

Monſeigneur,

Le très humble & très obeyſſant ſeruiteur,

REY.

Au Bugue, lieu de ma naiſſance, dans voſtre baronnie de Lymeil, le premier iour de Ianvier 1630.

SUR LES DOCTES ESSAYS
DU SIEVR REY

ODE

QVE vois-je peint ſur ce tableau ?
Sont-ce groteſques fantaſtiques ?
Pourtraits d'vn bizarre pinceau ?
Eſſays d'humeurs melancholiques ?
Y vois-ie des charmes puiſſans,
A ſeduire & tromper nos ſens ?
Y vois-ie des purs menſonges,
L'obiect des poétiques eſcripts ?
Ou bien les viſions des ſonges,
Qui par fois troublent nos eſprits ?

Pluſtoſt d'un œil iudicieux,
Ie remarque pluſieurs myſtères ;
Myſtères grands & precieux,
Nullement cogneus à nos pères ;
Que le ſieur Rey ſans aucun fard
Aux hommes de ſçauoir depart.

Mon Rey digne fils d'Efculape :
De qui l'eftude nompareil
A fait que rien ne luy efchappe
De ce qu'on fçait foubs le foleil.

Vous tous, qui, pafles & deffaits,
Recherchez, collez fur vn liure,
De la Nature les effects,
Il vous faut fa doctrine suiure.
Et fi l'enuie ne vous poinct
Confeffer que c'eft bien à poinct
Qu'il r'affine votre fcience,
A l'alambic de vérité,
La purgeant du marc d'ignorance
Que luy donnoit l'antiquité.

Et vous, ô Efprits curieux,
Qui, pour voir chofes merueilleufes,
Graviffez les monts orgueilleux
Et fendez les mers perilleuses :
Arreftez un peu votre cours
Pour lire ce riche difcours,
C'eft en luy que fans tant de peines,
Vous entendrez des raretés
Si grandes, que quoy que certaines
On les tiendra pour fauffetez.

C'eſt ici que tous eſbahis
Vous verrez du feu la deſcente
Et quoy qu'on en aye creu jadis,
Trouuerez la flamme peſante.
Vous y apprendrez la façon
De la peſer à la raiſon.
Vous ſçaurez que par violence
Pluſtoſt que non pas autrement
Le feu en contremont s'élance
Et vient bas naturellement.

Icy de plus en delaiſſant
Des ſiècles paſſez la creance,
Vous trouuerez l'air ſi peſant,
Qu'on l'examine à la balance.
Vous verrez que cét element
Se peſe en ſoy par accident,
Vous verrez comme il ſe r'affine
Et par vn miracle nouueau,
Peu s'en faut qu'il ne ſe calcine
Par l'effort d'un rouge fourneau.

Mais pour n'entrer pas plus avant,
Dans le recit de ſes merueilles,
Et ceſſer d'aller offençant
Par mon rude chant vos oreilles:

Lifez ce traicté feulement,
Et vous direz affeurement,
Que mon Rey, en peu de paroles,
Fait des leçons à fi haut poinct,
Que quoy que vieillis aux efcolles
Encore ne les fçauiez-vous poinct.

BÉREAU.

A MONSIEUR REY SUR SES ESSAYS

ARCHIMÈDE *vn iour ſe vantoit*
Si hors ce globe il conſiſtoit
Qu'il leueroit hors de ſa place
Des terres et mers la grande maſſe.

Il feit dans Syracuſe voir
Un eſſay de ſon grand ſçauoir,
Faiſant plus par ſa main habile
Que tout le peuple de la ville.

Mais Rey, ſans ſe vanter pourtant,
En ſes eſſays fait bien autant,
Abaiſſant par grand efficace
Deux élémens hors de leur place

DESCHAMPS.

LETTRE DU SIEUR BRUN

QUI A DONNÉ SUBIECT AU PRESENT DISCOURS

A MONSIEUR REY

MONSIEUR, voulant ces iours paſſez calciner de l'eſtain, i'en peſay deux liures ſix onces du plus fin d'Angleterre, le mis dans vn vaſe de fer adapté à vn fourneau ouuert, & à grand feu l'agitant continuellement ſans y adiouſter choſe aucune, ie le conuertis dans ſix heures en vne chaux très blanche. Ie la peſay pour ſçauoir le dechet, & en y trouuay deux liures treize onces. Ce qui me donna vn eſtonnement incroyable, ne pouuant m'imaginer d'où eſtoient venües les ſept onces de plus. Ie feis le même eſſay du plomb & en calcinay ſix liures, mais i'y trouuay ſix onces de dechet. I'en ay demandé la cauſe à pluſieurs doctes hommes, notamment au Docteur

N., ſans qu'aucun ayt peu me la monſtrer. Voſtre bel eſprit, qui ſe donne des eſlans quand il veut, au delà du commun, trouuera icy matière d'occupation. Ie vous ſupplie de toute mon affection vous employer à la recherche de la cauſe d'vn ſi rare effect; & me tant obliger que par voſtre moyen ie ſois eſclaircy de cette merueille.

ESSAYS DE JEAN REY

DOCTEUR EN MÉDECINE

Sur la recerche de la caufe pour laquelle l'Eſtain & le Plomb augmentent de poids quand on les calcine.

PRÉFACE

QUELQUES grands perſonnages ayâs remarqué auec admiration, que l'eſtain & le plôb augmentent de poids quand on les calcine, ont eſté eſpris d'vn loüable déſir d'en rechercher la cauſe. Le ſubieċt a eſté beau, l'enqueſte penible, le fruiċt d'icelle bien petit : d'autant qu'après auoir roulé leurs penſées de toutes parts, ils n'ont apporté que des raiſons ſi faibles, qu'il n'y a homme de bon iugement qui ose s'y appuyer, & qui puisse par leur ayde mettre son esprit à l'abry de tout doubte. Le sieur Brun, maistre apoticaire de Bergerac, ayât n'a gueres prins garde à cette augmentation, & cuidant côme je pense, que nul auant luy s'en feut aduisé, m'a semons par vne de ses lettres, d'entrer en cette meditation, & luy en fournir la cause. Or, parce que c'est vn personnage, duquel l'integrité de vie, la rare experience en son art, & autres vertus qui se voyent en luy, obligent tous les gallans hômes a luy vouloir du bien, i'aduoüe qu'elles ont eu tant de pouvoir sur mes affections, que je n'ay sçeu l'esconduire en sa demande. A sa priere doncques & amiable sollicitation, i'y ay employé quelques heures : & estimant d'auoir frappé le but i'en produits ces miês essays. Non sans preuoir tres-bien que i'encourray d'abord le nom de temeraire, puis qu'en iceux ie choque quelques maximes approuuées depuis longs siecles par la pluspart des Philoſophes. Mais quelle temerité y peut-il auoir d'eſtaller au iour la verité apres l'auoir cogneuë? Pourrois-ie pas à plus iuſte raiſon, eſtre reputé puerilement craintif n'oſant la diuulger, & ſordidement enuieux la tenant recelée? Ie me deſcharge de ces deux derniers blaſmes: eſperât me voir à deliure du troiſieſme chés tous les bôs eſprits: leſquels apres auoir ſauouré mes raiſons, s'ils y trouuent du gouſt me ſentiront bon gré de les auoir produittes: que s'il eſt autrement, ne reſteront de loüer mes efforts à rechercher la verité en queſtiô ſi arduë: & ſerôt excitez par mô exemple de traitter plus dextrement cette matiere, à quoy ie les côuie. En tout euenement i'auray teſmoigné au public le deſir que i'ay de luy profiter, lui ayant laiſſé couler cét eſcript de mes mains, deut-il grauer ſur ma reputation quelque nuiſante fleſtriſſeure.

ESSAY I.

Tout ce qui eſt de materiel ſoubs le pourpris des cieux a de la peſanteur.

DIEV creant l'Vniuers, ne la fait totalement ſemblable à ſoy, ny totalement diſſemblable : car luy n'eſtant qu'Vn, il a fait le monde comme non-Vn, pour la diuerſe multiplicité de ſes parties innombrables : voulant neantmoins qu'elles reuinſſent à certaine vnité par leur côtiguité exacte. Le môde ſuperieur n'attouche en rien à ce ſubiect : l'inferieur & elementaire doit cette contiguité à la peſanteur diuinement empreinte en toutes les parties d'iceluy, aſſiſtée de la ſubtile flüidité d'aucûs de ſes corps ſimples. C'eſt par cette qualité, dont la matiere des quatre elemens eſt plus ou moins reueſtuë, qu'ils ſont ſeparez entr'eux, & portez chacun en ſon lieu, ſelon que requiert la generation des mixtes, & l'ornement de l'vniuers. Car cette matiere rempliſſant de tout point l'eſpace enfermé ſoubs la courbure du ciel, eſt côtinüellemêt pouſſée par ſon propre poids vers le centre du monde. Vray eſt que la terre comme plus peſante occupe promptement ce lieu : & forçant ſes côtraires à la rettraitte, fait que l'eau, ſeconde en peſanteur, ſoit auſſi ſeconde en place : ſi que l'air chaſſé du plus bas & ſecond lieu, ſe reſtraint au troiſieſme : laiſſant au feu, le moins peſant de tous, la ſupreme region pour faire ſa demeure. Les chimiſtes fourniſſent vne agreable repreſentation de ceci, lors qu'ils prênent de l'eſmail noir pulueriſé, de la liqueur de tartre, de l'eau de vie renduë bluaſtre auec le-tourneſol, & de l'eſprit de terebenthine rougi d'orcanette : & iettant le tout dans vne phiole, ils l'agitent iuſques à ce qu'il s'en faſſe vn meſlange confus. Alors donnans le repos au vaiſſeau, on voit à l'œil auec plaiſir le deſbroüillement ſe faire. L'eſmail gaigne le bas, nous figurant la terre. La liqueur de tartre l'auoiſine repreſentât l'eau. L'eau de vie ſemblable à l'air, occupe le troiſieſme lieu. Et l'eſprit de terebenthine, pour demonſtrer le feu, ſe vient camper en la plus haute place. Tout ceci ſe fait par le benefice de la peſanteur, ſelon que dans ces corps elle eſt largement ou eſcharcement deſpartie. De meſme les elemens ne peuuent recognoiſtre autre cauſe, qui les arrenge & diſpoſe en leur lieu, n'eſtant beſoin d'introduire la legereté, que nos deuanciers ont à ces fins vainement excogitée.

ESSAY II.

Il n'y a rien de leger en la nature.

PRESQUE tous les Philoſophes, tant anciens que modernes, craignans vne eternelle cõfuſion des elemens, s'ils eſtoient tous doüez de peſanteur, ſe ſont portez à cette creance, que les deux ſuperieurs eſtoient equippez de certaine legereté, par laquelle ils ſe guindoient en haut, pour occuper chacun ſon lieu ; ainſi que les deux inférieurs ſont pouſſez en bas par leur peſanteur propre. Mais ayant au precedent Eſſay fait voir à clair, qu'à cela il n'eſt pas beſoin de legereté, la peſanteur y eſtant ſuffiſante : I'embraſſe la maxime qu'eux-meſmes ont tres-prudemment poſée, qu'il ne faut iamais multiplier l'eſtre des choſes ſans neceſſité. Et tenant pour aſſeuré, que Dieu & la Nature ne font rien en vain, (comme ils enſeignent auſſi) ie croy qu'il ſeroit autrement, la legereté eſtant admiſe, puiſqu'elle eſt de nul vſage. Ie dis bien plus, que le feu, eſtant de nature ſi ſubtile, qu'à peine merite-il le nom de corps, il eſt conſequemment deſnué de preſque toute reſiſtance : d'où s'enſuiuroit que l'air montant en haut ſans empeſchement aborderoit le ciel, exilant le feu de ſa place, & le contraignant de chercher vn ſiege plus bas, au detriment de leur propre doctrine. I'adiouſte à ceci vn autre incôuenient, ſçauoir eſt l'eſtrif perpetuel, ſâs nul fruict, qui ſeroit entre les elemês peſants & legers, ceux-ci tirans en haut & les autres en bas, à toute leur puiſſance. D'où ſourdroit à l'endroit de leur contiguité, vne ſouffrâce, ſans côparaiſon plus grâde, que ne reçoit la fiſcelle tirée d'vne & d'autre part, par deux puiſſantes mains, luy faiſans tel effort, qu'on en voit la rupture. Bien loin de ce noeud d'amitié dont la Nature a voulu ioindre les elemens voiſins, plantant dedans leur ſein des qualitez ſemblables, par le moyen deſquelles ils cômuniquent entr'eux, & touſiours amiablement ſymboliſent. Dont il reſulte que la legereté eſt vn vocable qui ne ſignifie rien d'abſolu en la nature : ſi qu'il le faut reietter, ou ſi nous le retenons, que ce ſoit pour denoter ſeulement vne relation ou rapport d'vne choſe moins peſante à celle qui l'eſt dauantage.

ESSAY III.

Il n'y a point de mouuement en haut qui ſoit naturel.

CE que deuiendroient les ombres, s'il n'y auoit point de corps, cela meſme deuiendra le mouuement naturel en haut, la legereté eſtant oſtée. Car de vray, ce ſeroit vne choſe bien monſtrueuſe de voir des effets naturels qui n'euſſent point de cauſe en la Nature. On dit ſe mouuoir naturellement, ce qui a la cauſe de ſon mouuement en ſoy-meſme. Or iettant les yeux ſur tout ce qui ſe meut, ie ne voy rien qui aille en haut par ſon mouuement propre. L'eau monte voirement ſi on iette de la terre dans le vaſe, où elle eſt côtenuë; mais tous m'aduouëront que ce n'eſt pour legereté aucune qui ſoit en elle; ainſi que la terre par ſon auallement fait que l'eau ſe ſouſleue. Que ſi l'eau ne recognoit pas la legereté pour cauſe de ce mouuement en haut, pourquoy la recognoiſtra l'air faiſant le meſme chemin lors que l'eau fond ſur luy? pourquoy le feu faiſant le meſme? ie ne doubte point qu'on ne die que ſi le mouuement en haut des elemens n'eſt naturel, qu'il le faudra confeſſer violent: d'où suiura cette abſurdité de les voir chacun d'eux aller tenir ſon rang dans l'vniuers auecques violence. A quoy ie reſpôds, qu'iceux n'ayâs en ſoy la cauſe de tels mouuemês, on les peut dire, pour cela, violents: mais que ce leur eſt vne violence douce & nullement ruïneuſe. Ainſi le mouuement que les cieux des planettes font d'Oriêt en Occident, ayant ſa cauſe dans vn ciel ſuperieur, eſt nommé de tous, violent; ſans que pourtant il leur apporte de nuiſance. Outre que ceux qui parleront ainſi, ſe feront leur procez eux-meſmes, eſtans contraints d'aduoüer. non ſeulement le mouuement, ains meſmes la demeure violentée de l'Eau & de l'Air : de cettuy-ci ſoubs le Feu, de l'autre ſur la Terre. Ayât ainſi banni la legereté & ſon mouuement en haut, de tout l'enclos de la nature, eſtabliſſons de plus beau la peſanteur entre elemês de l'Air & du Feu, qui viennent ſeuls en contreuerse.

ESSAY IV.

Que l'Air & le Feu ſont peſents & ſe meuuent naturellement en bas.

SI nous auions le commerce ſi libre auecques l'element du Feu, que nous l'auons auecques l'Air, nous ne ſerions ſans doubte ſi deſnuez d'experiẽces pour confirmer noſtre dire : Vray eſt que celles que nous produirons de cettui-ci, conclurront pour celuy-là, en conſequence de la proximité de leur nature. Or, puiſqu'on demeure d'accord, que tout ce qui s'auale en bas ſans aucune conſtrainte a de la peſanteur, d'où vn tel mouuement procede ; qui ſera celuy qui pourra deſnier cette qualité à l'Air, voyât qu'on n'aura pas plustost arraché vn pal de la terre, qu'il n'aye couru au trou, pour seruir de remplage ? Et qu'on ne sçauroit creuser vn puis si profond, qu'il ne s'y porte incontinent, sans effort exterieur, & violence aucune ? Ie dis de plus : s'il y auoit vn canal depuis le centre de la terre, iusques bien auant dans la region du feu, ouuert par les deux bouts, & plein des quatre elemens, chacun endroit de sa place ordinaire ; que tirât la terre par le bas, l'eau descendroit occuper cette place ; laissant la sienne à l'air, & l'air au feu la sienne. Puis soubstrayant l'eau de ce lieu, l'air le viendroit remplir : lequel aussi vuidé, le feu s'y porteroit, & rempliroit tout le canal, descendant iusqu'au centre, par luy auoir osté seulement ce qui l'empeschoit de ce faire. Ceux qui diront que cela se fait pour esuiter le vuide, ne diront pas beaucoup : ils indiqueront la cause finale, & il s'agit de l'efficiente, qui ne peut point estre le vuide. Car il est tout certain que dans les barres de la nature, le vuide, qui eſt rien, ne ſçauroit trouuer lieu. Il n'eſt point de puiſſance en icelle, qui de rien aye peu faire l'vniuers : Il n'en eſt point auſſi qui le puiſſe reduire à rien : cela requiert meſme vertu. Or l'affaire iroit autrement s'il ſe pouuoit trouuer du vuide. Car pouuant eſtre ici, il pourroit eſtre là : pouuant eſtre ici & là, & pourquoy non ailleurs ? & pourquoy non par tout ? Ainſi pourroit l'vniuers s'en aller à neant de par ſes propres forces : mais à celuy ſeul qui l'a peu faire, eſt deuë la gloire de le pouuoir aneantir. Que ſi le vuide ne peut trouuer de ſubſiſtence, comment fera-il que l'air & le feu deſcendent en bas, à rebours de leur nature ? Vn effect reel, ne prouient-il pas touſiours d'vne cauſe reellemêt ſubſiſtente ? Diſons dôcques auecques verité, que c'eſt la peſanteur qui porte en bas ces elemês, afin d'vnir eſtroitement toutes leurs parcelles, & clorre conſequemment toutes les auenuës au vuide.

ESSAY V.

Il eſt monſtré que l'Air & le Feu ſont peſants, par la viſteſſe du mouuement des choſes graues, plus grande vers la fin qu'au commencement.

L'Erreur, ſi petit ſoit-il, qui ſe commet au commencement de quelque diſcipline, s'aggrandit au progrès, & entraine quant & ſoy le plus ſouuent des difficultez tres-eſpineuſes. Nous l'eſprouuons en ce ſubiect : car les Philoſophes s'eſtans foruoyez preſque ſur le ſueil de la ſcience naturelle, attribuâs la legereté & le mouuement en haut aux deux elemens ſuperieurs, ſe ſont veus par apres bien empeſchez à rendre la raiſon pourquoy le naturel mouuement en bas, des choſes graues, eſt plus viſte vers la fin qu'en ſon cômencement. La varieté des opinions qu'on trouue dâs les autheurs ſur cette queſtion teſmoigne aſſez de leur perplexité : mon deſſein n'eſt pas de les produire, qui m'eſtudie à briefueté. En liſe qui voudra vn bon nombre chés Pererius, Philoſophe iudicieux, en ſon liure des Principes naturels, où les ayant rapportées, il les refute doctement, & en embraſſe vne, à laquelle il proteſte vouloir acquieſſer, iuſqu'à ce qu'il en voye vne meilleure. De cette-ci diray-ie par apres quelque choſe en paſſant, pour n'eſtre pas ſi veritable que plauſible. Voici la mienne que ie viens d'excogiter en faueur de la verité des demonſtrations precedentes. La viſteſſe du mouuement de la choſe peſante va s'augmentant depuis le commencement iuſques à la fin, par l'augmentation de la matiere elementaire, qui s'affaiſſe ſur icelle,. & par la continuelle multiplication du choc qu'elle luy fait en defcendant. La demonftration donnera clarté à mon dire. Soit AA. le ciel; BB. la terre; C. le centre d'icelle; D. vn boulet de fer defcendât vers la terre; E. le mefme defcêdu plus bas; F. le mefme encor au milieu de la defcente; G. le mefme pres de la fin. HH. deux lignes tirées du centre de la terre iusques au ciel, touchantes le boulet en D. aux deux extrémitez de fon diametre. II. deux autres lignes tirées de mefme, touchantes le boulet en E. KK. deux autres lignes le touchant en F. LL. encore deux lignes le touchant en G. Il eft manifefte que le boulet eftant en D. outre fa pefanteur interne a fur foy la matiere des elemens de l'air & du feu, enclofe entre les lignes HH. mais eftant en E. il y a toute la matiere côtenuë entre les lignes II. laquelle fe voit augmentée en F. de ce que les lignes KK. côtiennent de plus: & eftant en G. tout le contenu entre les lignes. LL. fait poids fur iceluy : dont il faut que la viſteſse du mouuement s'augmente, joint à ce le choc que

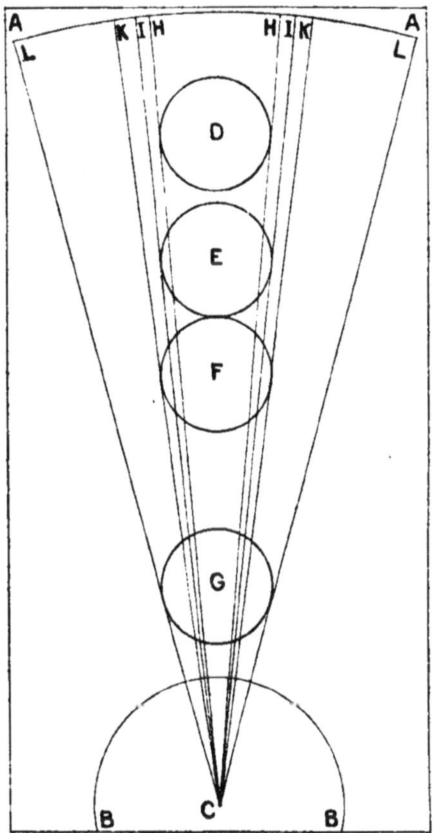

fait continuellement cette matiere, à meſure qu'elle vient fondre ſur le dit boulet.

L'opinion de Pererius a quelquechose approchâte de ce choc : car il veut que l'air qui fuit, pouffe le boulet : mais en cela fe trôpe-il, que l'air eftant leger, & le guindant en haut de fon naturel, ne fçauroit pouffer en bas le boulet ; nô plus que le batteau qui eft tiré contre le fil d'vn fleuue, n'eft iamais pouffé contremont par l'eau, qui au rencontre de la proüe s'efcartelle, & lefchant les coftez coule toufiours aual ; car comment pourroit-elle tenant ce chemin frapper en haut la pouppe. L'autre partie de fon dire n'eft pas meilleure, voulant que l'air agité par le mouuement cede mieux à la chofe meuë. Il eft tout du rebours : car & l'air, & l'eau agitez foubftiennent plus grand poids.

La cendre eft fufpenduë en l'eau, & la plume dans l'air tandis qu'on les agite ; & s'aualent au fond quand ils font à requoy. Si bien que pour cette raifon le mouuement feroit plus lent fur la fin, l'agitation eftant plus grande.

ESSAY VI.

La pesanteur est si estroitement joincte à la premiere matiere des elemens que se changeans de l'vn en l'autre, ils gardent tousiours le mesme poids.

MON soin principal a esté iusques ici de grauer au cœur de tous cette persuasion que l'air a de la pesanteur, d'autant que c'est luy, dont ie pretends tirer l'augmêtation en poids de l'estain & du plomb qu'on calcine. Mais auant monstrer comment cela se peut faire, il me faut desployer cette mienne remarque : c'est que l'examê du poids de quelque chose se fait en deux façons ; sçauoir, ou à la raifon, ou à la balance. C'eft la raifon qui m'a fait trouuer du poids dans tous les elemens ; c'eft elle-mefme qui me fait ores porter le dementi à cette maxime erronée, qui a eu cours depuis la naiffance de la Philofophie ; que les elemens allans mutuellement au change, de l'vn en l'autre, ils perdent ou gaignent de la pefanteur, à mefure qu'en ce changemêt ils fe rarefient ou condenfent. Auec les armes de cette raifon i'entre hardimêt en la lice pour combattre cet erreur ; & fouftiens que la pefanteur eft tellement joincte à la premiere matiere des elemês, qu'elle n'en peut eftre deprinfe. Le poids que chaque portion d'icelle print au berceau, elle le portera iufques à fon cercueil. En quelque lieu, foubs quelle forme, à quel volume qu'elle foit reduitte, toufiours vn mefme poids. Mais ne prefumant pas que mes dits aillent au pair de ceux de Pithagore, qu'il fuffife de les auoir aduancez, ie les appuye d'vne demonftration à laquelle les bons eſprits côme ie penſe, acquieſceront. Soit prinſe vne portion de terre, qui aye en ſoy la moindre peſanteur qui puiſſe eſtre, & au delà de laquelle n'en puiſſe ſubſiſter : que cette terre ſoit conuerti en eau, par les moyens cogneu & practiquez par la nature : il eſt euident que cette eau aura de la peſanteur, puiſque toute eau en doibt auoir : or ſera-elle, ou plus grande que celle qui eſtoit en la terre, ou plus petite, ou eſgalle. D'eſtre plus grâde ils ne le diront pas, (car ils profeſſent du côtraire) & ie ne le veus pas auſſi : plus petite, elle ne peut, veu que i'ay prins la moindre qui puiſſe eſtre : il reſte donc qu'elle luy ſoit eſgalle, ce que ie pretendois prouuer. Ce qui eſt monſtré de cette parcelle, ſe monſtrera de deux, de trois, d'vn bien grand nombre ; bref de tout l'element qui n'eſt compoſé d'autre choſe. Et ſe rapportera le meſme, à la conuerſion de l'eau en air, de l'air en feu : & au rebours de ces derniers aux autres.

ESSAY VII.

Moyen pour ſçauoir à quel volume d'air ſe reduit certaine quantité d'eau.

LES Philoſophes ont ſouuent parlé de l'eſtêduë qu'acquiert vn element ſolide ſe changeant en vn plus rare, & ont taſché d'en aſſigner la proportion : mais ie n'ay point memoire d'en auoir rien leu qui feut appuyé de vallable raiſon ou d'experience. Or parce qu'en l'eſſay precedent i'ay parlé de cette ampliation, la cognoiſſance de laquelle ouure la porte à pluſieurs beaux & admirables artifices, ie ne veux priuer le lecteur curieux d'vn moyen que i'ay excogité pour faire cette eſpreuue, & ſcauoir certainement à quel volume ſe peut eſtendre certaine quantité d'eau ſe tranſmuant en air : laquelle eſpreuue pourra ſeruir & eſtre rapportée proportionablement aux autres elemês. Soit fait un canal de leton, de grandeur côuenable ; bien poli au dedans, tout ouuert par l'vn des bouts, & fermé par l'autre, fors d'vn bien petit trou au milieu : ſoit mis dedans vn quarreau ou bouſchon, tel que celuy d'vne ſyringue, qui puiſſe couler par tout auec ayſance, & de telle iuſteſſe qu'il n'eſchappe point l'air. Iceluy eſtant coulé à fonds, ſoit mis au petit trou & ſeréement ioinct vn tuyau ſortât d'vn Æolopyle, ou ſoufflet philolophic. Cettuy, rempli d'eau, ſoit mis ſur le feu. Adonc l'eau ſe rarefiant & tranſmuant en air, ſortira par le petit trou, & entrant dâs le canal, pouſſera peu à peu le bouſchon cherchât ſa liberté, iuſques à tant que toute l'eau ſoit conuertie en air. L'eſpace du canal & de l'Æolopyle qui en ſera rempli, monſtrera l'eſtenduë que cette matiere aura acquiſe. Qui voudra ſçauoir le meſme plus ayſement, non que ſi iuſtement, qu'il prenne tous les boyaux d'vn pourceau, ou autre animal, apres les auoir bien nettoyez, & les ayans bien applatis & rendus vuides d'air, les mette dâs un vaſe plein d'eau, fermé iuſtement d'vn couuercle qui aye vn petit trou par deſſus pour laiſſer couler l'eau : vn des bouts des dits boyaux ſortât du vaſe par vn trou à part ſoit attaché au tuyau ſortât de l'Æolopyle, lequel rêpli d'eau & mis ſur le feu, ſoufflera dans le boyau, l'air auquel l'eau ſe conuertira : à meſure que l'inteſtin ſe gonflera, l'eau du vaſe s'ira verſant par le petit trou du couuercle, laquelle recueillie monſtrera l'eſtenduë de l'air qui eſt dans l'inteſtin ; à laquelle adiouſtant la contenâce de l'Æolopyle, on aura ce qu'on demande. J'adiouſte à ces moyens tres-aſſeurez, le ſuyuant qui n'eſt pas ſans apparence, pour conuertir l'air en eau, & en ſçauoir le dechet du volume. Soit fermé le trou du canal ſus mentionné, & pouſſé à grand force le quarreau tout autant que la compreſſion de l'air enclos pourra permettre : & eſtant là arreſté, de peur qu'il recule, ſoit expoſé tout l'outil à vn air glacial, par vne nuict entiere. L'air preſſé là dedans ſe gelera ou tournera en eau, y laiſſant ſeulement l'eſpace de l'air qui peut y reſter libre. Par la meſure de l'eau, ou de la glace, on iugera du dechet. Ie n'ay point fait ces eſpreuues, ſi quelque curieux me deuance à les faire, ie le ſupplie de m'en donner aduis pour toute recompenſe de luy en auoir enſeigné la methode, afin que ie ſois redime de cette peine.

A monſtre l'Æolopyle. B. le tuyau ſortant d'iceluy, & entrant dans le canal. C. le canal. D. le bouſchon qui coule dedans. E la queuë ou manche pouſſant & reculant le bouſchon.

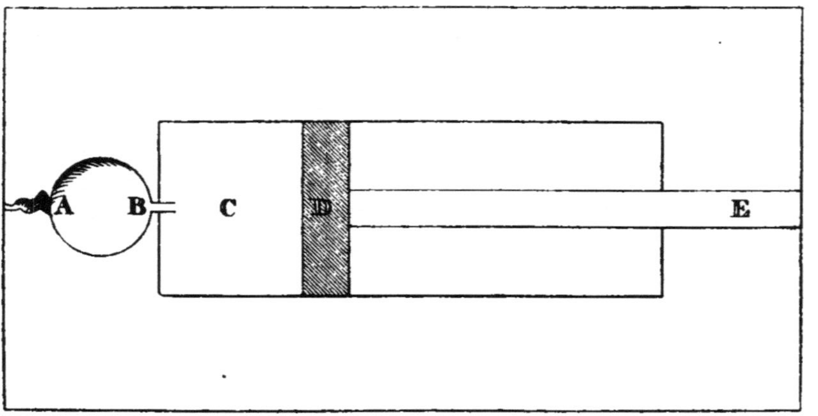
A
B
C
D
E

ESSAY VIII.

Nul element pese dans soy-mesme, & pourquoy.

Ie reuiens à mes brisées, & dis que l'examen des pesanteurs qui se fait à la balance, differe grandement de celuy qui se fait à la raison. Cettui-ci n'est vsité que par l'homme iudicieux ; celuy-là, le plus rustaud le pratique. Cettui-ci est tousiours iuste ; celuy-là n'est gueres sans deceptiõ. Cettui-ci n'est point attaché à quelque circonstance de lieu ; celuy-là ne s'exerce communement que dans l'air, & par fois dans l'eau, mais auec malaisance. C'est d'ici d'où l'erreur que i'ay combatuë, (que l'air eſt ſans peſanteur) tire vn argument, qui pourroit esblouïr les yeux debiles, mais non les clairvoyans. Car balançans l'air dans l'air meſme, & ne luy trouuans point de peſanteur, ils ont creu qu'il n'en auoit point. Mais qu'ils balancent l'eau, (qu'ils croyent peſante) dans l'eau meſme, ils ne luy en trouueront non plus : eſtant tres-veritable que nul elemêt peſe dans ſoy-meſme. Tout ce qui peſe dans l'air, tout ce qui peſe dans l'eau, doibt ſoubs eſgal volume contenir plus de poids (pour le plus de matiere) que ou l'air, ou l'eau, dans leſquels le balancement ſe practique. De ceci va-ie desduire la cauſe, que peu de gens ont apperceuë. Ce qui peſe dans l'air (de l'eau ſoit dit le meſme) le fend, l'eſcarte, & luy fait faire place pour s'en aller à fonds. Cela s'appelle exercer ſes forces & ſon action dans l'air. Or, eſt-il que nul agent agit dans ſon ſemblable, toute action preſuppoſant quelque contrariété. Le chaud n'agira iamais dans vn eſgallemêt chaud, ains ces deux chauds s'embraſſeront, & joindront leurs actions, & par cette jonction feront qu'ils ne ſeront plus deux agens, mais vn tant ſeulement. Que ſi vn bien chaud agit dans celuy qui l'eſt moins, c'est qu'il ſe rencontre ici de la diſſemblance, & en quelque façon de la contrarieté, le moins chaud s'emparât du tiltre de froid, quand il eſt rapporté à vn plus chaud. Ainſi l'air ne peut agir par ſa peſanteur dans l'air eſgallement peſant : ces deux airs s'vniſſent pluſtoſt, & font un meſme poids. Mais ce qui eſt plus peſant que l'air, par la diſſemblance & contrarieté naiſſante de ce plus & moins, agira dans iceluy, le fendant, l'eſcartant, & ſe faiſant chemin à trauers pour aller à fonds. Que ſi l'air ne monſtre point ſon poids dans l'air meſme, pour l'eſgalité de leurs peſanteurs, à plus forte raiſon ne le monſtrera-il pas dans l'eau qui eſt plus peſante. Car quand meſme il ſera mis au deſſoubs, il n'en ira point plus bas ; le poids de l'eau qui eſt ſur luy ne ſeruant qu'à le conſtraindre de chercher vn lieu plus haut, ne luy permettant ſoubs ſoy de demeure.

ESSAY IX.

L'air eſt rendu peſant par le meſlange de quelque matiere plus peſante que ſoy.

I'AY fait deſſein de monſtrer que c'eſt l'air qui ſe meſle parmi la chaux de l'eſtain & du plomb qu'on calcine, qui l'augmente de poids : ce qui me ſeroit impoſſible ſi ie ne leuois vne difficulté non petite qui ſe preſente ici. Car on me pourroit demander comment ce peut faire ce que ie dis, puiſque l'examen de ce poids ſe fait à la balance, & dans l'air, ou l'air ne peut trouuer de poids, ſuyuant la doctrine deduite au precedent eſſay. Pour deſuelopper ce doubte, ie dis que l'air en ſes parties peut eſtre alteré & augmenté en poids, ſi que ces parties ainſi alterées & appeſanties, eſtans balancées dans l'air qui eſt en ſa pureté, feront voir leur peſanteur ? Mais quelle eſt cette alteratiô qui luy cauſe de l'appeſantiſſement ? Ie remarque qu'elle peut arriuer en trois diuerſes facôs, ſçauoir eſt par le meſlange de quelque matiere eſtrange plus graue : par la compreſſion de ſes parties : & par la ſeparation de ſes portiôs moins peſantes. Diſons de la premiere premieremêt, & enſuitte des deux autres. Il eſt certain que l'air eſt ſuſceptible de pluſieurs matieres plus peſantes que ſoy : telles ſôt les vapeurs, les exhalaiſons, qui partent ou de l'eau, ou de la terre. Vne portion imbibée de ces matieres peſera plus qu'vne eſgalle portion d'vn autre air, qui n'aura riê de tel en ſoy. Ainſi l'eau de la mer peſe plus que celle des riuieres douces : celle-là côtenant beaucoup de ſel en ſoy, dôt cette-ci eſt exempte. Voyez ie vous prie côme en temps nebuleux, à la premiere ouuerture de vos feneftres hautes, l'air chargé de broüillards entre dâs voftre châbre. Ne iugez vous pas que celuy-là pefe plus que cettui-ci, puifqu'il le fend & s'auale dans luy? Rempliffez vn balon de cét air nebuleux, il pefera plus que le mefme, rempli d'vn air pur & fans meflange. A cette efperience s'accorde la raifon difant ainfi: fi à deux pefanteurs efgalles, on adioufte deux pefanteurs inefgalles; ces deux pefanteurs feront inefgalles; & celle-là fera plus grande où le plus grand poids aura efté adioufté. Si doncques on prend, par exemple, deux portions d'vn mefme air, contenantes chacune dix poulces en quarré de volume, & qu'à l'vne on adioufte deux poulces d'eau, & à l'autre deux poulces d'air, qui ne voit que ces deux portions feront biê efgalles en volume, mais inefgalles en poids: & que celle qui a l'eau en foy fera plus pefante? Cela eft fi manifefte que ie m'abftiens d'en dire dauantage; veu mefmes que l'appefantiſſement qui ſe fait en cette façon ne ſert pas beaucoup à noſtre ſubiect.

A tant paſſons aux autres.

ESSAY X.

Que l'air eſt rendu peſant par la compreſſion de ſes parties.

LA ſeconde façon par laquelle l'air augmente de poids, c'eſt la compreſſion de ſes parties : car la nature a voulu, pour les raiſons à elle cogneuës, que les elemens peuſſent s'eſtêdre & reſſerrer iuſqu'à certaines bornes qu'elle leur a preſcriptes. Dâs cet eſpace voit-on vne portion d'element, ores ſerrée à l'eſtroit, ores eſtenduë au large. Voyez ce pot à demi-plain d'eau, ſoubs lequel le cuiſinier va faire un bon feu : l'eau ſe dilatera iuſqu'à s'eſpancher ſur les bords ; mais le feu s'eſteignât, elle s'eſtrecira, & reuiendra à ſon premier eſtre. Prenez cette ſyringue dans laquelle le bouſchon eſt enfoncé iuſqu'à demi, & l'ouuerture de deuant eſt bien fermée: pouſſez à force ; vous reduirez l'air enclos au petit pied. Retirez à vous le bouſchon, vous ne le ſortirez pas du tout, bien ferez vous eſtendre l'air à de amples dimenſions qu'il n'auoit auparauât. L'air ainſi comprimé doubtez-vous qu'il ne peſe dans vn air libre, puis qu'en pareille eſpace il contient plus de matiere? Si la raiſon ci deſſus donnée en l'eſſay huictieſme ne vous ſuffit, venez-en à l'eſpreuue. Rempliſſez d'air à grâd force vn balon auec vn ſoufflet: vous trouuerez plus de poids à ce balon plein, qu'à luy-meſme eſtât vuide. Et de combien ? De ce que peſe raiſonnablement l'air contenu de plus dans le balon qu'il n'y en a ſoubs pareille eſtenduë en celuy qui eſt libre. Pluſieurs ont bien remarqué ce plus de peſanteur au balon plein qu'au vuide, mais que quelqu'vn en aye ſçeu la cauſe iuſques ici, il n'eſt point venu à ma notice. Ie laiſſe à part les gens de baſſe eſtime : le docte Scaliger vray genie de l'Ariſtote, ne l'a point cogneuë : car en l'exercitation 121. contre Cardan, il ſuit la grâd route, tenant que l'air pur eſt leger, & que la peſanteur vient au balon, de ce que l'air qui voiſine la ſurface de la terre, tel qu'on le ſouffle dâs le balon, eſt meſlé de vapeurs, & de ces petits corps terreſtres qu'on voit manifeſtement aux rayons du Soleil. Mais las ! que fait ce meſlange pour luy, puiſque l'examen s'en fait dans vn air tout ſemblable ? Certes il n'y ſçauroit monſtrer de peſanteur ſi la compreſſion ne venoit à ſon ayde. Et ſi le balon ſe rempliſſoit auec effort du plus pur air qui ſoit en la nature, voire du feu elementaire, la raiſon veut qu'il peſeroit, eſtât balâcé dans vn meſme air, au premier cas, & au ſecond, dans le feu meſme. Cette compreſſion d'air eſt vn champ planteureux, dans lequel les bôs eſprits vont recueillans de rares artifices. C'eſt de luy que le ſieur Marin, bourgeois de Liſieux, a tiré ſon arquebuſe : de laquelle i'auois l'inuention il y a pluſieurs années, & deuant que le ſieur Flurâce l'euſt deſcripte : mais qui excelle par-deſſus celle de Marin (ie le dis ſans vanité) par y rapporter beaucoup plus de force. Ie pourrois faire part au lecteur d'vne autre gentile & profitable inuention que i'ay prinſe d'ici : mais ie la taiſe à deſſein, ſoubs l'eſperance d'auoir vn iour ce bon-heur de pouuoir preſenter vne tres-humble requeſte à Sa Majeſté, & qu'elle m'honorera d'vn priuilege de m'en ſeruir pour quelque temps priuatiuement à tous autres ; afin de me remplacer aucunement des frais qu'il me conuiendra faire, pour mettre en vſage tant ladite inuention, que quelques autres que ie tiens iuſques adonc celées riere moy.

ESSAY XI.

L'air eſt rendu peſant par la ſeparation de ſes parties moins peſantes.

Pour parler de la troiſieſme façon par laquelle l'air s'appeſantit, qui eſt la ſeparation de ſes parties moins peſantes, ie cômence par cette verité, qui ne peut recepuoir de contredit; Que ſi de quelque choſe que ce ſoit, les parties moins peſantes ſont oſtées, le reſidu ſera plus peſant : ie ne dis pas que toute la choſe en ſon entier, mais ſeulement qu'vne portion d'icelle, eſgalle en volume à ce reſidu. Separez l'argent que cét affronteur orfeure a meſlé auecques l'or en la couronne du Roy

Hieron : l'or reſtant peſera plus qu'vne eſgalle portion de toute la couronne. Ce que vous faittes ici par art, la nature le fait de ſon induſtrie, ayant pour tout outil la chaleur, qui la ſert dignement en cét ouurage. Voyez ces ſaliniers qui deriuent par des canaux l'eau de la mer dedãs leurs aires ; ils ſçauent que la chaleur du Soleil ſubtiliſant cette eau la ſublimera en l'air, leur laiſſant en bas le ſel, partie plus peſãte. L'Alchymiſte, vray ſinge de la nature, la voulant imiter, met ſur le rechaud l'infuſion de ſon rheubarbe, afin que la liqueur s'exhalant, l'extraict luy en demeure. Mais quand il a beſoin de cette partie, qui ſubtiliſée s'enuole, il l'attrappe en chemin (cauteleux qu'il eſt) par le moyen de la chappe qu'il applique à ſon alambic. Par cette ruſe a-il la jouïſſance de l'eau de vie, qui eſt moins peſante que le vin dont elle part : & le vin moins peſant que le marc qui reſte de toute la distillation. Ainſi agit le chaud dãs toute ſorte de liqueurs, rarefiant les parties aucunes, efpeffiffant les autres, & toufiours les feparât, par pefer plus ou moins. Mefmes effects nous produit-il dans l'air; aufquels afin que preniez garde, tournez la face, ie vous prie, vers cette campagne fur laquelle tout ce iour le Soleil a dardé fes rayons. Vous eftimez, ie gage, que l'air qui la touche immediatement eft plus fubtil & moins pefât qu'il n'eftoit ce matin? O qu'il en va bien autrement! Il eft plus efpez de beaucoup, & plus pefant en fuitte. Par comment a le chaud fubtilifé l'air fans l'auoir efleué? & comment efleué fans la defcente d'vn plus graue? Rien ne monte en haut de par foy; c'eft l'aualement d'vn autre qui l'y pouffe. Il a fans doubte feparé le plus fubtil, & efleué en haut, laiffant en bas côme le marc, ainfi qu'és liqueurs qu'on diftille. Que fi cette raifon ne vous perfuade l'efpeffiffemêt & l'appefantiffemêt de cét air efchaufé; croyez au moins au rapport de vos fens; Ie me fais fort de vous le faire toucher tel à la main, de vous le faire voir tel à l'œil. Ores qu'il eſt midi, touchez-vous pas cét air plus chaud qu'il n'eſtoit vn quart d'heure apres que le Soleil a eſté leué ? Ce n'eſt pourtant que le Soleil luy aye departi vn plus haut degré de chaleur, puis qu'il la poſſede inuariable, & l'eſpard dâs l'eſphere de ſon actiuité d'vne teneur touſiours ſemblable : ſi que côme en vn moment tranſperçant l'air par ſes rayôs ſans aucune reſiſtence, il luy a communiqué toute ſa lumiere, auſſi a-il toute ſa chaleur : laquelle n'a point augmenté : mais bien eſt ſon action accreuë, par l'eſpeſſiſſement de ſon ſubiect : car ſes plus ſubtiles parties s'eſtâs peu à peu eſleuées, les autres ont reſté ici bas plus frequêtes & plus vnies en vn meſme lieu. Et de cette plus grâde vnion, viêt cette action plus grande. Ceci ſe peut eſclaircir par la côſideration du feu elemêtaire, lequel bien qu'il ſoit chaud à l'extreme degré, ſi ne bruſle-il pas neantmoins, pour eſtre extrememêt rare :

mais le ſer embraſé bruſle violemment ; non qu'il ſoit plus chaud (car comment le ſeroit-il plus que l'extreme ?) ains parce qu'il eſt plus eſpez, côtenant plus de parties en vn eſgal eſpace. Et ceci ſoit pour l'attouchement, venons à l'autre ſens. Lors qu'à ce matin le Soleil cômençoit à rayer ſur cét horizon, l'air par ſa ſubtilité ſe deſroboit entierement à vos yeux : mais ores, voyez-vous pas ſur ces ſeillons côme il tremouſſe ? C'eſt qu'il s'eſt eſpeſſi, & a acquis plus de corpulence, qui vous le rend aucunement viſible. A tant croy-ie m'eſtre ſuffiſamment acquité de ce qu'auois promis. Il conuient paſſer outre, & dire, que ſi la ſimple chaleur du Soleil eſpeſſit ainſi notre air bas & l'appeſantit, chaſſant en haut ſon plus ſubtil, & reſeruât au fonds ſes plus drues & ſolides parties ; que ne fera la chaleur vehemête que la gueule d'vn fourneau rougi d'vn braſier ardent regorge par vn long eſpace ? Quantité d'eau de vie miſe deſſus dedâs vn vaſe s'eſuanouïra promptement. L'eau commune, & toute ſorte de liqueurs s'exhaleront en peu d'heure. L'air neantmoins y fera ſubſiſtence (n'y ayant autre corps qui rempliſſe ce lieu) mais ce ſera vn air eſpez & peſant au poſſible ; vn air qu'il m'eſchappe de dire, non plus air, ains vn air deſnaturé, ayant changé ſa ſubtile fluidité en vne groſſiereté viſqueuſe. Car la violence du feu ſubtiliſant tout autant d'air qui l'abordera, donra la chaſſe au loin à vne quâtité immenſe d'iceluy, ne laiſſant en tout ſoy, de cette immenſe quantité, qu'vne eſpece de lie, qui pour ſa gluante peſanteur ne ſçait prendre la fuitte.

ESSAY XII.

Que le feu par la chaleur peut espessir les corps homogenëes.

IE ne sçay quelle fatale calamité a enuahi les sciences, que lors qu'vn erreur est né auec elles, & s'y est par laps de temps côme acalli, ceux qui les professent n'en veulent souffrir le retranchement. On s'est desia formalisé contre la doctrine du precedêt essay, & m'a on obiecté, que ores que le feu puisse espessir les corps heterogenées par la separation de leurs parties plus subtiles, comme estans de diuerse nature ; si ne peut-il faire le mesme des corps homogenées, de tant qu'il agit vniformément sur toutes leurs parties, & n'a point d'autre action que de les eftêdre & dilater toutes efgallement, de forte qu'à ce compte, l'air ne fçauroit eftre efpeffi & rendu pefant par la force de la chaleur. Ie recognoy cette doctrine (qu'on oppofe à ma creâce) puifée de l'efcole des Philofophes, lefquels i'honore, côme grands voyers de la nature : mais i'aduoüe franchemêt n'auoir iuré aux paroles d'aucun d'eux. Si la verité eft chés eux, ie l'y reçois : finon ie la cherche ailleurs. Voyons s'ils l'ont rencontrée en cette matiere. Les corps homogenées, difent-ils, font ceux de qui toutes les parties font de mefme nature : ou bien, de qui toutes les parties ont le mefme nom, & la mefme definition que le tout. I'accorde voirement que le feu agiffant fur tels corps, de foy & par fa nature les dilate : mais la raifon m'apprend, & l'efperience le côfirme, que par accident, côme on parle, & en fuitte de la fubtilifation & feparation de quelques parties, les autres reftent plus efpeffes & pefantes. Si cela m'eft nié, & qu'on vueille faire paſſer la ſuſdite doctrine à la rigueur, comme ſi le feu ne pouuoit de ſoy ny par accident eſpeſſir les corps homogenées, ie m'inſcripts en faux contre icelle : & pourrois produire vne nuée d'exemples à l'encontre, mais le lecteur debonnaire, pour qui ie trauaille, ſe contentera de peu. Le vitriol eſt vn corps homogenée, puis que les parties ont meſme nom & meſme definition que le tout ; Or agit le feu tellement ſur iceluy, mis dans la cornüe, qu'il nous fait voir ſeparément, ſon phlegme, ſon huyle, & ſon colcotar ; parties differentes en eſpeſſeur & peſanteur. La terebenthine eſt vn corps homogenée, la moindre partie n'eſtât pas moins terebenthine que ſon tout : icelle miſe dans l'alambic, le feu par ſon action dilate aucunes de ſes parties, & eſpeſſit les autres, mettant à part ſon eau, ſon eſprit, ſon huyle, et ſa colophone ; dont la difference eſt notoire touchât le poids & la ſubtilité. I'ay ci-deuant parlé du vin (corps homogenée auſſi) ſur lequel le feu deſployât ſes forces en la diſtillation, il l'eſtend & le dilate, iuſques à en tirer l'eau de vie, & la petite eau, qu'on appelle : mais le reſidu eſt d'autant plus eſpez, qu'on a tiré plus de cette eau, ou bien de phlegme. Mais pourquoy me peine-ie à produire ces exemples, puis qu'il eſt éuidêt, que de tous tels corps, il ſe tire par le benefice du feu, du ſel, du ſouffre et du mercure, parties qui ſenſiblement different en tenuité & peſanteur. Il n'eſt doncques pas vray que le feu dilate eſgallement toutes leurs parties. Ie preuoy biê qu'on taſchera d'euader en diſant que les exemples que ie propoſe ſont des corps compoſez, & qu'il n'en ſeroit pas ainſi des ſimples. Si ay-ie pourtant conuaincu de faux cette maxime, prinſe, cóme on la poſe, en ſa generalité, & eſtenduë à tous corps homogenées. Voyons ſi la verité la ſuit mieux, adaptée aux corps ſimples.

ESSAY XIII.

Que le feu peut eſpeſſir l'eau.

L'EAU eſt vn corps ſimple, ſans contredit. Si eſt-ce que le feu agiſſant ſur icelle, en dilate quelques parties & eſpeſſit les autres : bien que, côme i'ay dit ci-deſſus, la premiere action luy ſoit propre & naturelle, & la ſecôde accidentelle. Verſez vne pipe d'eau dans vn alambic, donnez luy le feu ſelon les reigles de l'art, & en tirez par la diſtillation, premierement, vn pot. Il eſt certain que l'eau de ce pot ſera plus ſubtile que celle qu'aurez mis dâs l'alambic. Si quelqu'vn, pouſſé d'vn deſir de contredire, le va niant, qu'il aille receuoir le dementi chés les Chymiſtes, qui ne pouuans commodement faire leurs extraits auecques l'eau commune, ont accouſtumé de ſe ſeruir de l'eau diſtillée, ou bien de la roſée, qui n'eſt autre choſe que de l'eau paſſée par le grand alambic de la nature : car telle eau, comme plus ſubtile, penetre mieux la ſubſtance des ſimples, & en tire plus ayſément la vertu & les teintures. D'abondant ſon efficace plus diuretique, & ſa moindre peſanteur (compagne inſeparable d'vne moindre eſpeſſeur) rendront à tous vn teſmoignage certain de la verité de mon dire. Que ſi l'eau de ce pot eſt plus ſubtile que l'eau miſe dans l'alambic, il faut que celle qui reſte dedans ſoit plus eſpeſſe, d'autāt que l'eſpeſſiſſemēt ſuit de neceſſité la ſeparation du ſubtil. Ce qui ſera plus euident ſi vous cōtinuez la diſtillation commencée, car tirant pot apres pot, tant qu'il n'en reſte plus : le dernier ſera ſenſiblement plus eſpez & plus peſant que le premier : laquelle ſenſible differēce auiendra par petits degrez, leſquels (bien qu'imperceptibles) ſeront du premier au ſecond, du ſecond au troiſieſme, & ainſi conſecutiuement iuſques au dernier. Et ſera cette difference non ſeulement de pot à pot, mais bien de verre à verre, voire d'vne goutte à l'autre : eſtât raiſonnable que puis que les deux gouttes extremes doiuent differer manifeſtement en eſpeſſeur & peſanteur, que cette difference aille s'augmentant dés le commencement iuſqu'à la fin, par l'augmentation du nôbre des gouttes qui prouiendrôt en la diſtillation. De ceci il appert, que comme és corps heterogenées, le feu ſepare les parties qui ſont de diuerſe nature ; ainſi és homogenées il deſioint les parties qui different en tenuité ; & lors la peſanteur prend l'office de leur donner rang, & d'aſſigner à chacune ſon lieu ; meſmement és matieres fluides, de qui les parcelles plus pondereuſes gaignêt touſiours le bas, ſe faiſant chemin à trauers celles qui le ſont moins, & s'auallans neceſſairement dans icelles. De ſorte que ſi toute l'eau qui diſtilleroit de la pipe ſus mentionnée tomboit par ordre dans vn canal de ſuffiſante longueur, &

gros côme vne plume à eſcrire, il eſt croyable que la ſeconde goutte s'aualleroit dâs la premiere, la troiſieſme dans ces deux, & ainſi conſecutiuement iuſques à la derniere, qui pour eſtre plus peſante trauerſeroit toutes ſes deuancieres occupât le plus bas lieu, ſi que celle qui cherroit la premiere ſe trouueroit en fin à la plus haute place. Et bien! que ce continuel trauerſement apportaſt à ces parties quelque ſorte de meſlange, ſi ne ſeroit-il tel que la diſtinction en poids des hautes & baſſes portions ne feut touſiours notable. Que ſi pour ne voir à l'œil cét auallement de gouttes, on le reuoque en doubte : qu'on poſe & joigne dextremêt la bouche d'vne phiole pleine d'eau, ſur la bouche d'vne pareille phiole pleine de vin clairet, & on apperceura choſe ſemblable : car l'eau comme plus peſante deſcendra dans la phiole baſſe à trauers le vin, le forçant à môter manifeſtement dâs la haute. Le vin meſme n'arange-il pas ſon plus ſubtil au haut de la barrique, &

ſon plus groſſier au fonds, par le moyen de la peſanteur, plus grande en l'vn qu'en l'autre ? Le commun peuple eſtime auſſi, & non ſans raiſon, que le premier verre qu'on verſe d'vn pot, eſt plus ſubtil & vaporeus que les ſuiuans. Cette difference qui s'obſerue en vn ſi petit vaſe pourroit porter quelqu'vn à opiner que ſi on faiſoit vn canal large d'vn poulce ſeulement, & dont la longueur s'eſtêdit en bas iuſques à pluſieurs toiſes, ſi apres l'auoir rempli de vin, & donné quelque ſeiour, la plus haute portion n'eſtoit tout à fait eau de vie, elle l'approcheroit fort en tenuité & efficace. Belle inuention, certes, pour tirer l'eſprit du vin ſans feu, ſi la choſe alloit ainſi, & la difficulté de faire l'inſtrumêt n'en deſtournoit l'vſage ! Toutes ces remarques me ſeruent de planche pour paſſer à vne generalle aſſertion ; ſçauoir, qu'en toutes choſes fluides, tant compoſées que ſimples ou elementaires, les parties hautes different touſiours des baſſes en ſubtilité & peſanteur :

& que cette difference ſe diſtingue en autant de degrez, que leur matiere ſe peut diuiſer par leur hauteur, en de parties diſtinctes. Si bien que ſi on conçoit vne ligne tirée du plus bas d'vn des elemens fluides (côme pourroit eſtre l'air) iuſqu'à la plus haute ſurface: tout autant de diuers degrez en poids & ſubtilité, ſerôt en cét element, comme la ligne ſe pourroit diuiſer en de parcelles diuerſes: (i'entens materiellement afin qu'on ne ſophiſtique) & ſera touſiours la partie ſupreme plus mince & moins peſante que la ſeconde: la ſeconde, que la troiſieſme: & ainſi iuſqu'au bout. Car d'attribuer à toutes les parties de chaque element, vne meſme corpulence, c'eſt dementir le ſens, qui nous fait iuger l'air (par exemple) plus ſubtil au ſommet d'vne montaigne, que non pas au pied, dans la plaine. Et auſſi quand la chaleur du Soleil ou de noſtre feu, le ſubtiliſe ici bas, il môte en haut ſans contredit, iuſqu'au rencontre de ſon ſemblable, ſuyuant le degré de ſubtilité qu'il s'eſt acquis. Outre que cette eſgallité eſtant par tout l'element, il n'y auroit point de raiſon pourquoy vne piece feut bas pluſtoſt que haut, quand il eſt en ſon calme. Car de commettre cela au hazard & à l'auanture, ſeroit choquer la ſageſſe incomparable de l'autheur de la nature, qui n'a rien fait en elle ſans poids, nombre & meſure, & y a eſtabli vn tel ordre que rien ne s'y fait fortuitement & ſans cauſe. Ie concluds donc que cét arrengement vient du poids & nô d'ailleurs. Et pour finir cét eſſay, ie dis qu'vn chacun peut ores voir que le feu agiſſant ſur le corps ſimple de l'eau, n'eſtend pas eſgallement toutes ſes parties, mais qu'en dilatant les vnes, il les ſepare, d'où s'enſuit l'eſpeſſiſſement des autres. Ainſi ne ſera veritable la maxime qui eſt en côteſtation. Voire mais, dira-on, il faudroit monſtrer cela de l'air, ſur qui ſe meut le piuot de la contreuerſe. C'eſt là le dernier refuge, ie les en va deſpoüiller.

ESSAY XIIII.

Que le ſeu peut eſpeſſir l'air.

LES raiſons deduittes en l'onzieſme eſſay pouuoient ſuffire à vn eſprit non preoccupé, pour luy perſuader que le feu eſchaufant l'air, ſubtiliſe & ſepare quelques ſiennes parties, & que de neceſſité cette ſeparation eſt ſuiuie de l'eſpeſſiſſement & appeſantiſſement des autres. Mais puis qu'on s'oppoſe obſtinément à cette verité, pour la mieux faire voir, ie demâde qu'il me ſoit dreſſé vn laboratoire dans la region du feu elementaire joignant celle de l'air : & là dedans ie leur monſtreray oculairement, ce qu'ils ne veulent croire. Car comme les vaiſſeaux qu'ici nous appellons vuides, ſont neâtmoins pleins d'air, ainſi ſerôt-ils là, pleins de feu. Et comme lorſque nous verſons ici de l'eau dans l'alambic, l'air parauant enclos, quitte le lieu ; ainſi le feu fera place à l'air, qui là, ſera verſé dedans : & eſtât mis ſur le fourneau diſtillera goutte à goutte dans le récipient : & ſera la premiere meſure qui s'en recueillira, plus ſubtile que la ſeconde, & ainſi iuſques à la fin. Qui plus eſt la difference en ſubtilité & peſanteur, entre la premiere & derniere meſure, ſera auſſi perceptible que celle qui eſt en celles de l'eau diſtillée. Or ſi quelqu'vn ſe rit de ma demande, qu'il ſçache que le grand Archimede demandoit en pareil cas, qu'on luy donnaſt un lieu en la region de l'air, pour aſſeoir ſes engins, & il promettoit de ſoubſleuer toute la terre. Non pas qu'il creut que ce qu'il demandoit ſe peut faire, (car il n'eſtoit ni fou ni fat, au iugemêt des plus ſages) mais cela faiſoit-il appuyé ſur la certitude de ſes demonſtrations, & pour plus claire euidence de la verité de ſon dire. Ma demâde n'a point d'autre but. Qui voudra voir choſe approchâte de ceci, ſans recourir à l'impoſſible, qu'il diſpoſe ſur le fourneau vn alambic de grâdeur non commune, & ayât attaché au plus haut de la chappe à vn petit tuyau vne veſcie vuide d'air, commence à dòner le feu. Alors l'air de l'alambic ſe dilatera, & ne pouuant plus eſtre contenu dans ſon premier eſpace, ſortira & remplira la veſcie. Il en ſera remis vne autre preciſement eſgalle, tant qu'elle ſoit auſſi remplie. Ce châgement ſera continué iuſqu'au bout. Ie dis que la derniere ſe trouuera plus peſante que la premiere. Qui en doubtera ſi l'eſſaye, & y procède exactemêt. Par les degrez de cette meditation mon eſprit s'eſleue à de plus grandes choses, que ie laiſſe à dire neâtmoins pour ne ſeruir à cette matiere, & pour eſtre difficiles, non ſeulement à practiquer, ains meſme à comprendre. Ie viens à vne autre demonſtration, par laquelle la verité que ie deffends ſera plus que viſible. Soit dreſſé vn canon, la gueule en haut, directement ſur ſa culaſſe, & ietté dedans vn boulet de ſon calibre rougi au feu. Il eſt certain que l'air contenu dans l'ame du canon, eſt ſi mince en ſubſtance, & en quantité ſi petite, que le boulet en paſſant luy imprimera tous les degrez de ſa chaleur. Ce nonobſtant ſi vous mettez la main dans la gueule, vous l'y côtiendrez ayſément d'abord; mais vn peu de temps apres vous ne le ſçauriez faire. Non pas que l'air ayt accreu en degré de chaleur ; il aura pluſtoſt decreu, de meſme le boulet, qui peu à peu ſe refroidit : mais d'autât que s'eſtât eſpeſſi, par la ſeparation des parties plus ſubtiles d'vne abondâce d'air qui s'y portera granderre, il agira plus puiſſamment ; ainſi que i'ay dit ailleurs. En ſecond lieu l'air qui ſe verra tremouſſer ſur la gueule, (ce qui ne ſera au cômencement) côſtraint à côfeſſer qu'il s'y eſt eſpeſſi : car on ne peut pas dire que ce ſoient les vapeurs ou exhalaiſons qui s'efleuêt du canô : tout y eſt trop ſec & ſolide pour laiſſer eſchapper riê de ſoy. Tiercement ſi l'air ne s'eſpeſſiſſoit ſur la gueule, il ne nous rendroit pas troubles les obiects que nous regardons trauers luy au delà. Et ne faut point s'excuſer ſur quelque brandillement d'air, puis que ie vois diſtinctement les beautez de cette dame à trauers l'air qu'elle ſecoüe auec ſon eſuentoir. Et vois auſſi à clair toute ſorte d'obiects à trauers l'air agité par la biſe, lorſqu'elle ſouffle & ſiffle bruiemmêt. Finalement ſi vn flocon de laine biê eſparpillée eſt mis ſur la gueule du canon, il ne deſcendra pas; & le pouſſant quelque eſpace dedans, il remontera ſoudain ; ce qui n'arriueroit aſſeurément, ſi l'air n'y eſtoit plus eſpez qu'à l'eſcart du canon, où le floccon prend fort bien la deſcente. Ces raiſons, bien que nô groſſieres, ſont neâtmoins ſi palpables, qu'elles feront iuger à tous, que la chaleur a eſpeſſi l'air, iuſques par deſſus la gueule du canon. Or l'ayant eſpeſſi ſi auant, qu'aura-elle fait, ie vous prie, au fonds du canon, & joignant la balle ? Certes la ſortât, apres eſtre refroidie, vous la verrez plus blâchatre qu'elle n'eſtoit auât qu'on la rougit au feu ; comme ſi l'air eſpeſſi & adherant luy donnoit cette couleur, qui auec le temps ſe ternit & s'efface, meſmement en lieu humide ; d'autât que l'air ambient deſtrempât cil qui adhere au boulet, le r'appelle à ſon premier eſtre. Pour dernier mets, ie veus ſeruir le lecteur d'vne remarque qui peut-eſtre luy ſera de gouſt. Ceux qui font dignement la Medecine, ſe trouuent par fois à viſiter des aſthmatiques, qui pantelans au lict dâs des chambrettes chaudes, ne peuuêt auoir leur haleine, qu'à grand difficulté. Ce qu'apperceuans ils font ouurir les feneſtres, les y côduiſent, & leur font humer l'air exterieur ; dont ils reçoiuent vn grand ſoulagement. Si vous demandez à ces meſſieurs d'où vient aux malades un ſi prompt ſoulas : ils vous diront que c'eſt que l'air de la chambre pour ſon trop de chaleur, ne peut fournir le cœur du rafraichiſſement neceſſaire : ce que l'air exterieur, opere mieux par la froidure. Or, Meſſieurs, mes honorez collegues, m'eſtant deſabuſé en ce point, par les meditatiôs precedêtes, aggréez, je vous ſupplie, que ie vous deſabuſe. Ce n'eſt point la chaleur de l'air de la chambre, qui cauſe ce pantelement, pour ne pouuoir aſſez rafraiſchir le cœur ; mais bien ſon eſpeſſeur, qui retarde ſô cours à trauers l'obſtruction des poulmons, ſi qu'il ne peut fournir le cœur à temps de matiere ſuffiſante à la generation des eſprits vitaux, ce que l'air frais, comme plus ſubtil, peut mieux faire. Et afin que vous ne penſiez pas que i'aduance ceci ſans raiſon ; prenez garde à ce febricitant qui giſt dâs la meſme chambre, dans laquelle l'air enclos le rafraiſchit aſſez, bien qu'il en ayt plus grande neceſſité. Et ſi la fiebre ſuruient à l'aſthmatique (ce que vous ſouhaittez pour ſon mieux) & diſſipe la matiere qui bouchoit les conduits du poulmô, le meſme air rafraiſchit-il pas alors le malade ſuffiſammêt ores que le besoin ayt augmenté ? N'arriue-il pas le meſme ſi ce deſbouchement ſe fait par l'vſage du Diaſulphut, que Galien compoſe, comme bien ſçauez, de foulphre, de poiure, & de ſemence de mouſtarde par eſgalles portions ? Il faut donc que la chaleur y ayt eſpeſſi l'air, en déchaſſant ſon plus ſubtil; ce qu'on nous châte tant impoſſible. I'entends deſia que pour eluder la force de tant de raiſons & d'experiences, on me dit, que les exêples par moy produits ſe peuuent verifier voirement, dans noſtre air groſſier & impur, mais qu'il ſeroit autrement de l'air pur, s'il s'en trouuoit dans la nature. Et certes ie ne veus pas mieux, pour me diſpoſer à châter le triomphe. Car quoy; croit-on que ie penſe que le ſieur Brun & les autres qui ont fait l'augmentation, dont il s'agit, ayent recouuré quelque air plus pur, par lettres de change, de dehors le reſſort de la nature ?

ESSAY XV.

L'air descroit de poids en trois façons :
La balance est trompeuse :
le moyen d'y remedier.

IE reprens le fil de mon discours que i'auois aucunement interrompu, pour souldre l'obiection qui m'estoit faite, & esclaircir de tant mieux cette matiere : & dis qu'en trois essays precedês, sçauoir au dix, onze & douziesme, i'ay declaré les trois diuers moyens par lesquels l'air accroissant en pesanteur, la peut manifester estant balancé dans vn air pur & libre. Or la loy des contraires veut, que par trois moyens opposites il en puisse descroitre. Ces moyens sont, le desmeslement de quelque matiere eſtrange plus graue : ſon extenſiô a de plus amples bornes : & l'extraction de ses parties plus peſantes. Mais parce que l'intelligence de ceux-là, donne assez de clarté à ceux-ci, ie ſupercede à vne explication plus ample. Priant ſeulement le lecteur de remarquer que cette augmentation ou diminution de poids dont i'ay parlé, auſdits eſſays, regarde touſiours vne portion d'air conferée à vne autre de pareille eſtenduë. Car lors que nous n'auons pas eſgard à l'eſtêduë ou volume de la choſe, ſi nous examinons ſon poids à la raiſon, ie dis qu'il n'y a rien qui accroiſſe de peſanteur que par addition de matiere ; ny qui en decroiſſe que par ſubſtractiô d'icelle : tant inſeparablement ſont côiointes la matiere & la peſanteur, côme il a été monſtré cideſſus en l'eſſay ſixieſme. Mais ſi nous faiſons l'examen à la balance, il ſe rencontre vn cas, auquel ſans addition ny ſoubſtraction de matiere, la choſe paroiſtra plus ou moins peſante : ſçauoir eſt ſon eſtreciſſement, ou bien ſa dilatatiô. Et c'eſt de ce ſeul examen que les anciens ont eu cognoiſſance, quâd ils ont voulu que les elemens en leur conuerſion mutuelle, augmentaſſent de poids ou en diminuaſſent, de tant qu'ils augmentent ou diminuent d'eſtenduë, par la ſeule ayde de la Nature tres-experte à ce faire. Nô que l'artifice ne puiſſe augmenter ou diminuer le poids des choſes, les dilatant ou eſtreſſiſſant. Battez long temps à froid vne piece de fer, vous vnirez ſes parties, & eſtrecirez ſon volume, alors môſtrera-il plus de poids, eſtant mis à la balance. Sur laquelle auſſi ſi vous mettez vne bale de plume eſtroittement liée, elle peſera plus, que la meſme delaiſſée à ſon large. De ceci i'infere ce qui a eſté ci-deuant touché en paſſant, que la balance eſt ſi fallacieuſe, qu'elle ne nous indique iamais le iuſte poids des choſes, fors que quand en icelle ſont confrontées deux peſanteurs de meſme matiere & figure, côme deux boulets de plomb. Mais deux lingots, par exemple, l'vn d'or & l'autre de fer, que la balance vous monſtre eſgaux, ne le ſont pas pourtant : Car le fer peſe plus, de ce que peſe, ſelon la raiſon, l'air qui ſeroit contenu en la place que le fer occupe plus que l'or. Laquelle differêce ie pourrois monſtrer preciſement, en tout ce qu'on peſe, & reduirois le tout au iuſte poids, ſi i'auois fait l'eſpreuve que i'ay enſeigné ci-deſſus en l'eſſay ſeptieſme.

ESSAY XVI.

Reſponce formelle à la demande, pourquoy l'eſtain & le plomb augmentent de poids quand on les calcine.

MAINTENAT ay-ie fait les préparatifs, voire ietté les fondemens de ma reſponſe à la demande du ſieur Brun, qui eſt telle, qu'ayant mis deux liures ſix onces d'eſtain fin d'Angleterre dans un vaſe de fer, & iceluy preſſé ſur vn fourneau à grand feu ouuert, l'eſpace de ſix heures, l'agitant continuellemêt, ſans y adiouſter choſe aucune, il en a recueilli deux liures treize onces de chaux blâche; ce qui l'a porté d'abord dans l'admiration, & dans le deſir de ſçauoir d'où luy ſont venuës les ſept onces de plus. Et pour groſſir la difficulté, ie dis, qu'il ne faut pas s'enquerir ſeulemêt, d'où luy ſont venues ces ſept onces, mais outre icelles, d'où ce qui a remplacé le dechet du poids qui eſt arriué neceſſairement par l'ampliation du volume de l'eſtain, ſe côuertiſſant en chaux, & par la perte des vapeurs & exhalaiſons qui ſe ſont eſcartées. A cette demande doncques, appuyé ſur les fondemens iapoſez, ie reſponds & ſouſtiens glorieuſement, Que ce ſurcroit de poids vient de l'air, qui dans le vaſe a eſté eſpeſſi, appeſanti, & rendu aucunement adheſif, par la vehemente & longuement continuée chaleur du fourneau, lequel air ſe meſle auecques la chaux, (à ce aydant l'agitation frequente) & s'attache à ſes plus menuës parties: non autrement que l'eau appeſantit le ſable que vous iettez & agitez dans icelle, par l'amoitir & adherer au moindre de ſes grains. I'eſtime qu'il y a beaucoup de perſonnes qui ſe feuſſent effarouchées au ſeul recit de cette reſponce, ſi ie l'euſſe donnée dès le commencement, qui la receuront ores volontiers, eſtans comme appriuoiſées & renduës traittables par l'euidente verité des eſſays precedents. Car ceux ſans doubte de qui les eſprits eſtoient preoccupez de cette opinion que l'air eſtoit leger, euſſent bondi à l'encontre. Comment (euſſent-ils dit) ne tire-on du froid le chaud, le blanc du noir, la clarté des tenebres, puis que de l'air, choſe legere, on tire tant de peſanteur ? Et ceux qui ſe feuſſent rencôtrez auoir dôné leur creance à la peſanteur de l'air, n'euſſent peu ſe perſuader qu'il peut iamais augmenter le poids eſtât balancé dans ſoy-meſme. A cette cauſe m'a-il fallu faire voir que l'air auoit de la peſanteur : qu'elle ſe cognoiſſoit par autre examen que celuy de la balance : & qu'à icelle meſme vne portion, prealablemêt alterée & eſpeſſie, pouuoit manifeſter ſon poids. Ce que i'ay fait le plus briefuement qu'il m'a eſté poſſible,

& ſans auoir rien aduancé qui ne ſeut tres afferant à cette matiere : pour laquelle eſclaircir de tout poinct, il ne reſte qu'à faire vne relatiô & refutation ſuccincte, des opiniôs que d'autres ont ſuiui, ou pourroient ſuiure ; & à ſouldre les obiections qu'on pourroit faire contre ma reſponce.

ESSAY XVII.

Que ce n'eſt pas l'eſuanoüiſſement de la chaleur celeſte dônant vie au plomb, ou bien la mort d'iceluy, qui augmente ſon poids en la calcination.

ENTRE tous ceux que ie ſçay auoir eſcript quelque choſe ſur cette queſtion, Cardan ſe preſente le premier, lequel au cinquieſme liure de la ſubtilité dit, que le plomb ſe conuertiſſant en ceruſe, oú ſe calcinant, augmente en poids d'vne treizieſme partie : puis on rend cette raiſon, C'eſt que le plomb meurt, d'autant que la chaleur celeſte qui eſtoit ſon ame s'eſuanouït, la preſence de laquelle luy donne vie, & le rend leger, côme ſon abſence luy dône la mort & l'appeſantit. Ce qu'il confirme par l'exemple des animaux, que la mort rend plus peſans par l'extinction de cette chaleur celeſte, qui eſt l'ame (ſelon ſa creance) tant des animaux que de tous les autres corps mixtes & compoſez. Cette opinion eſt manque (pour ne dire pis) en pluſieurs façons. Premierement, en ce qu'elle attribuë vie au plomb. Secondement, en ce qu'elle veut que la preſence de la chaleur celeſte le face leger, & ſon abſence peſant. Tiercement, en ce qu'elle poſe vne meſme raiſon, en l'appeſantiſſement du plomb par la calcination, & des animaux par leur mort. Il n'eſt rien de tout cela. Car touchant ſa vie, comment en auroit le plomb, puis qu'il eſt vn corps homogenée, ſans diſtinctiô de parties, ſans organes, & ſans aucun effect ou action vitale? S'il ſe meut en bas, ſi fait bien la ceruſe, qui n'eſt que ſon cadaure : s'il rafraiſchit, la ceruſe le fait auſſi. Puis côment conſerueroit-il cette vie ſoubs vn million de formes qu'il peut prendre & quitter demeurât toufiours plomb? Cômêt dâs vne fournaife (qui feroit bien plus grand merueille) où l'on le peut tenir fondu vn iour, vn mois, voire une année entiere ? Il faudroit une ame bien tenace, pour tât fouffrir fans defloger. D'abondant tout le monde s'accorde que de la mort à la vie, il n'y a point de retour. Cependant les Chymiftes nous promettent, que fi nous abbreuuons la chaux du plomb, & la meflons auecques l'eau où du falicot a efté diffoult, puis l'ayant feichée, la mettons dâs vn creufet qui n'ayt qu'vn petit foufpirail ouuert, & luy dônons vn feu grâd & prompt, que nous la reduirons à fon premier eftre. Quand eft de ce qu'il veut que la chaleur celefte face legers les corps, Scaliger luy obiecte tres-bien qu'il faudroit que le ciel qui abôde en cette chaleur, comme en eftant la source, feut leger : & par confequent vniuoque auec les autres corps ce qui eft ridicule. La perte auffi de cette chaleur ne les peut rendre pefans, car i'ay ci-deuant conuaincu que rien n'augmente en poids que par addition de matiere, ou par eſtreciſſement de volume ; dont il n'eſt rien ici : de tant que la chaleur s'eſuanouïſſant ne luy ſçauroit adiouſter choſe aucune : & pour le volume il paroiſt viſiblement groſſi, la ſubſtâce du plomb compacte & ſolide s'eſtant amenuiſée en tant de parcelles que le nôbre voiſine l'infini. Il faudroit auſſi que les plantes deuinſſent peſantes par leur mort, cette chaleur celeſte en eſtant bannie : mais le contraire paroiſt à tous. Pour la peſanteur qui augmente aux animaux par leur mort, en voici la cauſe, bien eſloignée de celle qui augmête le poids du plomb qu'on calcine. Tant que l'animal vit la chaleur naturelle ſubtiliſe, eſlargiſt & augmente les dimenſions des humeurs, des chairs, & de tout ce qui eſt en luy dilatable : & ſe perdant par la mort, tout ce deſſus, côme refroidi, ſe reſſerre, & appetiſſe, dont vient l'accroiſſement du poids, comme i'ay ſouuent dit. Qu'y a-il au plomb de semblable ? Ainsi paroist l'opinion de Cardan si friuolle, que ie suis marry qu'vn grand homme, & de qui l'estime vole à bon droit par l'vnivers m'ayt declaré, puis peu de iours, incliner à icelle.

ESSAY XVIII.

Que ce n'eſt pas la conſomption des parties aërées qui augmente le poids du plomb.

SCALIGER s'eſt tellemẽt attaché à Cardan, que ie ne l'en ſçaurois deſioindre ; il faut qu'il le ſuiue ici comme ailleurs. En l'exercitation 101, ſection 18. Il veut que l'augmẽtation en poids du plomb calciné vienne de ce que ſes parties aërées ſont conſumées par le feu : pour laquelle meſme raiſon, dit-il, la tuile cuitte peſe plus que la cruë. O que la reſſemblance des choſes deçoit ſouuent les beaux eſprits ! Ce grand perſonnage voyant la chaux du plomb & la tuile apres auoir paſſé par le feu eſtre deuenuës plus peſantes, iugeant vn meſme effect, n'a cherché qu'vne meſme cauſe. Elle eſt bien diuerſe pourtant. La tuile accroiſt en poids par racourciſſement d'eſtenduë : la chaux, pour la matiere qui s'y joint. Et afin de le faire mieux comprendre ; qui ne ſçait que la tuile eſt faitte d'vne terre graſſe & ſableuſe, peſtrie auec de l'eau ? Et que le Soleil abſorbât ſon humidité, y laiſſe vn nombre infini de cauernules, que l'eau rempliſſoit parauant. Lorſqu'elle cuit au four la chaleur la ramolliſt, à guiſe des metaux, & la mene à un tel poinct, qu'elle vient preſte à fondre ; & ſe fond en effect, ſi la chaleur eſt exceſſiue. Dans ce ramolliſſemêt les parties ſe reſſerrêt, s'vniſſent, & s'attachêt entr'elles ; les cauitez diſparoiſſent, & l'eſtreciſſement luy ſuruient : de là ſon plus grand poids, côme i'ay ſouuent dit. Pour le plomb, il ſe fond au feu, comme on ſçait ; & eſtant fondu, joinct de toutes parts le vaſe, ne laiſſant pas vn brin d'air dedans ſoy, ſuyuant le priuilege que la nature a departi aux chofes pondereufes & fluides, de chaffer haut celles qui le font moins, en s'enfonçât toufiours dedâs icelles. Ce plomb mis en arriere, fa chaleur fe pert peu à peu : tandis il fe reprend & fe caillit, s'auallant dedans foy, & decheant de volume, ainfi qu'appert par la foffete qui fe voit au deffus quand il eft refroidi : fi qu'on ne peut s'imaginer quelque air enclos dâs cette lourde maffe. Refondez-la & la calcinez, vous y trouuerez plus de pefanteur, non pour la confomption des parties aërées, veu qu'il n'y en auoit point ; mais à raifon de l'air efpeffi qui s'y eft joinct, côme j'ay defia dit. Et de fait s'il fe perdoit quelques parties aërées, ne decroiftroit-il pas de volume ? Il en augmente au rebours. Et puis, pourquoy les pierres & les plantes n'accroiffent-elles de poids eftans calcinées fi cette raifon a lieu ? I'infere de ce deffus, que la confomption des parties aërées n'augmente iamais le poids aux chofes, dont l'eftreciſſement ne s'enſuït ; ce qui n'eſtant en noſtre affaire, elle ne peut eſtre admiſe pour la cauſe du plus de poids dont ie diſcours. J'adiouſte pour la fin, que l'air qui eſt ſyringué à force dans le balon qui en eſt plein, ſortant d'iceluy le rabaiſſe de poids ; bien loin de l'en accroiſtre, comme Scaliger veut. Vray eſt que cela ſe rencontre en ce cas ſeulement.

ESSAY XIX.

Que ce n'eſt la ſuye qui augmente le poids de cette chaux.

IE lis au 10 chap. du ſixieſme liure des Screts Chymiques, de Libauius (car ie ne l'ay point veu ailleurs) que Cæſalpin a eſcript, que c'eſt vne choſe digne d'admiration, que le plomb noir ſe calcinant accroiſſe en peſanteur de huict ou dix liures pour cent. Puis recherchant la cauſe, il dit que c'eſt la ſuye, que le feu produit, laquelle heurtant la voute du fourneau de reflexion, retombe ſur la matiere. Ce que Cæſalpin n'euſt iamais aduâcé s'il euſt prins garde à ce que ie va deſduire. Premierement, que la ſuye à meſure que le feu l'exhale, eſt de nature ſi rare, que les ſept onces que le ſieur Brun a trouuées de ſurcroit, contiendroient plus d'eſpace que toute la chaux qu'il a tiré de ſa calcination. En ſecond lieu, que cette abondâce de ſuye noirciroit tellement la chaux de l'eſtain & du plomb, que iamais les Dames n'iroient empruntât d'icelle la blancheur de leurs faces, ainſi que pluſieurs font. Et puis qu'empeſcheroit qu'on n'augmentaſt à l'infini cette chaux, puis qu'on peut continuer le feu tant qu'on veut, qui fournira touſiours ſa ſuye? Adiouſtons que le ſieur Brun a calciné ſon eſtain à feu nud & ouuert, que la ſuye a peu ſeulement paſſer à coſté par les regeſtres du fourneau, & prendre l'eſcart, nô venir fondre ſur la matiere: dâs laquelle auſſi elle n'eut peu s'aualer, pour n'auoir tant de peſanteur que l'air contenu dans le vaſe. Quant eſt de Libauius, il a reietté l'opinion de Cæſalpin, iuſqu'à dire que les apprentifs en Chymie ſe riront d'icelle: ſans qu'il ayt pourtant apporté grand chofe à l'encontre : ayant enueloppé fon aduis dans vn fi grâd tas de paroles, qu'il n'eft pas ayfé de l'en tirer. Si veut-il faire paffer pourtant, pour folution du doubte, ces mots ici, que la tranfmutation varie le poids : & quelques lignes apres, ceux-ci, que la bruflure augmente le poids du plomb. Defquelles refpôces, pour mieux voir l'energie, il ne faut que diuerfifier tant foit peu les termes de noftre queftion (le fens reftant toufiours vn mefme) & les luy adapter : côme qui parleroit ainfi. Pourquoy la tranfmutation du plôb en chaux varie-elle le poids ? parce, dit-il, que la tranfmutation varie le poids. Pourquoy augmente la bruflure le poids du plomb ? parce, dit-il, que la bruflure augmente le poids du plomb. Voyez ie-vous prie, fi ce qu'il dit de la raifon de Cæfalpin conuiendroit à la fienne. Certes il ne faut pas eftre grâd Chymifte, ny grand Logicien auec pour s'en rire. Reçoiue ces raifons qui voudra, ie ne les prendray iamais pour mon compte. Mais ie ſuis honteux de deſcouurir la honte de ce perſonnage, qui merite beaucoup d'ailleurs pour le nombre des eſcripts qu'il a mis en lumiere, remplis dē beaucoup de doctrine.

ESSAY XX.

Que ce n'eſt pas du vaſe dont vient l'augmentation de la chaux de l'eſtain & du plomb.

IE viens aux opinions qui ne ſont pas eſcriptes, au moins que i'ay ſçeu. Puis que rien n'attouche l'eſtain & le plomb qu'on calcine, fors que l'air & le vaſe : ceux qui ne voudront recognoiſtre celuy-là pour cauſe de ſurcroit du poids, ie ne cuide point qu'ils puiſſent auoir recours ailleurs qu'à ceſtui-ci auecques apparence. Car ils ſe pourroient perſuader que dans la calcination & agitation continuë deſdits metaux, le fer ſe bruſlant, deuint en ſa ſurface friable ; dont vne portion ſe meſleroit auec la chaux, & ainſi l'augmenteroit de poids. De meſme que les perles que le Pharmacien broye ſur ſon marbre, acquierent plus de peſanteur, par l'addition de la matiere pierreuſe qui eſmiée ſe meſle parmi : au preiudice bien ſouuent de ceux à qui par apres on les baille. Mais afin de leur arracher cette opinion, ie leur repreſente premierement, que ſi le fer poudroyé, qui eſt brun, ſe meſloit en ſi grande quantité auec l'eſtain, il noirciroit ſa chaux, qui neantmoins eſt touſiours blanche. Secondement, que ſi le vaſe ſe conſumoit ainſi, dans deux ou trois calcinations, au plus, il ſeroit inutile : or dure-il pluſieurs années s'en ſeruant tous les iours. Tiercement, que d'vn bien peu d'eſtain ou de plomb, on tireroit de chaux en abondance; eſtant facile de mettre en poudre tout le vaſe, par la continuation du feu : à quoy l'eſpreuue contredit. Qui plus eſt, Modeſtinus Fachſius a obſerué, (ainſi que Libauius rapporte au lieu allegué ci-deſſus) qu'en l'examen des metaux, le vaſe, la coupelle, le plomb, & le metal qu'on examine, tout eſt plus peſant apres l'examen, qu'auant ſouffrit le feu ; bien qu'il y ait eu perte de beaucoup de matiere qui s'en va en fumées : ce qui ne peut arriuer que par adherer à tout ceci beaucoup de l'air ſus mentionné, choſe qui n'a eſté iuſqu'à ce iour cǫprinſe. Si qu'à ce compte, le vaſe de la calcination ſe pourra trouuer plus peſant : à quoy ie prie le ſieur Brun prendre garde.

ESSAY XXI.

Que ce ne ſont les vapeurs du charbon qui augmentent le poids.

IL m'a été rapporté, (ie ne ſçay ſi fidelemêt) qu'vn de mes amis intimes, homme d'vn profond ſçauoir, & d'vn iugement poli & ſolide au poſſible, à qui le ſieur Brun auoit fait la meſme requiſition qu'à moy, s'eſt laiſſé aller à cette croyance, que l'augmentation en poids dont il s'agit, procede des vapeurs du charbon, qui paſſans à trauers le vaſe, ſe vont meſlans emmi la chaux. Ce que ie maintiens impoſſible. Car ſi telles vapeurs ne peuuent trauerſer vn bocal de verre, vn plat d'eſtain, vn pot de terre, (autrement nos eaux boüillies, nos ſauces, nos potages, en ſeroient infectez) côment trauuerſeront-elles vn vaiſſeau de fer, dont la matiere eſt tant plus forte ? Si l'air le plus ſubtil ne le peut penetrer, (que vaudroit autrement mon Æolopyle ?) Comment le penetrerôt ces groſſieres vapeurs ? & puis l'ayant penetré, quelles entraues trouueront-elles dans la chaux pour y eſtre arreſtées ? pourquoy finiront-elles là leur courſe ? la chaleur par ſa vehemêce bannit de l'eſtain & du plomb l'humidité qui lioit leurs parties, chaſſant au loin toutes les vapeurs metalliques, bien qu'à eux naturelles : & elle laiſſera ces eſtrangeres-ci ? Il n'y a point de vray-ſemblance. O verité que tu m'és chere, de me faire eſtriuer contre vn ſi cher amy !

ESSAY XXII.

Que ce n'est le sel volatil du charbon qui augmente le poids.

Si toſt que i'eus esbauché ce diſcours, ie l'enuoyay au perſonnage dont i'ay parlé au precedent eſſay, lequel peu de iours apres me mit en main propre vn eſcript, portant vn deſaueu de l'opinion que i'y ay côbatuë. Et apres auoir opposé à ma creance, touchant l'eſpeſſiſſement & appeſantiſſemêt de l'air eſchaufé, les raiſons que i'ay rapportées en l'eſſay douziesme, & refutées tant en iceluy qu'és deux ſuiuans : il propoſe ſon opinion telle que ie deſduits ſuccinctement ici. Que l'augmentation dont nous traittons prouient neceſſairement, ou du vaſe, ou de l'air, ou du charbon.

Non du vaſe puis qu'il ne pert riē de ſon poids : non de l'air, puis que la chaleur ne peut que le ſubtiliſer & rendre moins peſant, cōme il preſuppoſe auoir monſtré : reſte donc, dit-il, que ce ſoit le charbon à qui l'augmentation eſt deuë. Et pour faire voir comment cela ſe fait, il dit que le charbō contient deux parties ou natures, l'vne vegetale, l'autre metallique ; & chacune d'icelles deux autres ; l'vne fixe, & l'autre volatile. Que la partie fixe demeure au bas du fourneau en forme de cendre, où eſt contenu le ſel fixe, qui ſe ſepare par ablution : & la partie volatile monte tout à l'enuiron du vaſe, contenant dans vne humidité ſuperfluë, (qui tient du vegetal) vn ſel volatil, qui eſt de nature metallique : lequel eſleué en haut, ſur les aiſles de l'humidité, rencontrant l'air qui eſt directement ſur le vaſe, plus rarefié & moins peſant, que la vapeur qui part du charbon, s'auale par iceluy dans le vaſe, & s'attache, par vne eſtroitte ſympathie, au ſel fixe de la chaux de l'eftain, laquelle en ayant prins certaine quantité, & eftant côme affouuie, reiette le furplus : ainfi que le fel de tartre apres certain nombre de cohobations, ne peut s'impregner dauantage, du fel volatil contenu en l'eau de vie. Ayant parcouru fon efcript, ie luy refutay, en prefence, cette opinion, par les raifons fuyuantes. Puis qu'il faut croire à chacun en fon art, fi nous n'auons rien au contraire ; il eft raifonnable, que pour parler du fel volatil nous emprunions le langage des Spagyriques, qui feuls en peuuent difcourir côme il faut, en ayans tout-premiers fait la defcouuerte, & nous l'ayans reuelé, lors mefmes que nous ne penfions pas s'il y auoit vn fel volatil en la nature. Ils recognoiffent és vegetaux (côme prefque en toutes chofes) deux fortes de fel, l'vn fixe, l'autre volatil. Celuy-là contenant en foy vn efprit fixe, & eftant contenu dans les parties folides de fon fubiect. L'autre contenant vn efprit volatil, & eftant contenu dans les ſucs. Le fixe ſe tire, diſent-ils, par la calcination, reſtant apres icelle dans les cendres. L'autre ne peut ſoubſtenir le feu, (eſtant non moins d'effect que de nom, volatil) ains s'eſleue à la moindre chaleur, auec le ſuc qui le contient : où ſe pert à la ſimple ſechereſſe du vegetable. Or cela eſtant ainſi, il eſt hors de doubte, que dans le charbô, il n'y a point pour tout de ſel volatil ; veu que meſmes le bois dont il eſt fait, n'en peut auoir ; puis qu'ô le ſeche au prealable : & quand il en auroit en ſoy, qui ne voit qu'il le perdroit de neceſſité, lors qu'en ſa cuiſſon il eſt reduit en braiſe ? Certes quand ie ferois ce paſſe-droit que d'accorder que le charbon contient du ſel volatil, ceux qui ſçauent combien il eſt rare en toutes choſes, ne ſe perſuaderont iamais que du peu de charbon que le ſieur Brun a conſumé en ſa calcination, vne ſi grande quantité ſoit iſſuë. Car il ne s'en faut pas imaginer ſeulement ſept onces : mais auſſi ce qui a remplacé le dechet du poids aduenu par la perte des vapeurs de l'eſtain, & par l'agrandiſſement de ſon volume : & en outre, ce que les fumées du charbon ont emporté ailleurs, non-seulement par tout le laboratoire, ains hors d'iceluy, où elles ſe ſont copieuſement eſcoulées, par ſes ouuertures. Dans leſquelles fumées,. s'il y auoit du ſel à proportion de celuy qui s'eſt aualé dans le vaſe, de celles qui luy eſtoient ſus, & qu'il feut tout amaſſé en vn, vrayment la recolte en ſeroit monſtrueuſe. Et puis, quand la chaux de l'eſtain auroit prins ſon ſaoul de ſel, par cette imaginaire ſympathie, qu'empeſcheroit que la continuation du feu n'en accumulaſt dauantage au deſſus, & rempliſt le vaſe, puis qu'il y deſcend par ſa peſanteur propre. L'experiẽce refute tout cela : joint que i'ay conuaincu que l'air de ſur le vaſe eſt ſi eſpez, qu'il n'y ſçauroit deſcendre. D'abondant s'il eſt dreſſé vn fourneau dans vne muraille ſeparant deux chambres, en telle ſorte que le vaſe ſoit d'vn coſté, & les regeſtres & portes à mettre charbon & donner le vent, ſoient de l'autre, ie ſouſtiens que l'augmentation s'y trouuera, bien que nulles vapeurs puiſſent entrer dans la chambre où eſt le vaſe. Ce que ie confirme par l'eſpreuue que i'ay fait aux forges de IEAN REY, ſieur de la Perrotaſſe mon ayſné : où i'ay trouué pareille augmentation en l'eſtain que i'ay calciné ſur vne gueuſe, qu'ils appellent, ou lingot de ſeize à vingt quintaux de fer, à l'inſtant que ſortant de la fournaiſe elle a eſté iettée dans ſon moule. Car on ne peut pas dire que les vapeurs du charbon ayent ici rien contribué. Partant ce ſel volatil n'eſt point en ce faiɛ̃t receuable.

ESSAY XXIII.

Que le ſel volatil Mercurial n'eſt pas cauſe de cette augmentation.

QUELQUES iours apres la refutation dont ie viens de faire le recit, le meſme perſonnage m'eſcripuit vne autre ſienne opinion. C'eſt que le ſel volatil eſt de nature Mercurialle, n'y ayant aucun des trois principes entieremēt pur, ains eſtant meſlé des autres : tellement que dans le ſel ſe trouue le vray ſel fixe ; puis vn autre moins terreſtre, tenant de la nature du ſouffre ; puis vn autre encore grãdement ſubtil & penetratif, qui tient de la nature du Mercure. Or le Mercure crud & froid penetre facilement à trauuers l'Or, &

s'y attache eſtroittement, & dedans & dehors; ſi qu'il n'eſt pas deſraiſonnable d'opiner que le ſel volatil de nature Mercurialle, rarefié par le feu, & rendu beaucoup plus penetratif, vienne à paſſer par l'eſpeſſeur des vaſes, qui pareillement ſont eſchaufez par le feu, & rendus plus faciles à eſtre penetrez, & s'aille attacher à la chaux de l'eſtain par certaine ſympathie, qui peut eſtre entr'eux, auſſi bien qu'elle ſe trouue entre l'or & le mercure crud. Cette ſeconde opinion eſt ſuffiſammēt deſtruite par les raiſons du precedent eſſay: car ayāt monſtré que dans le charbon il n'y peut auoir de ſel volatil, qui ne voit qu'elle ne peut ſubſiſter en façon aucune? D'autre-part ſi ce ſel de nature mercurialle penetre les vaſes, il les diſſouldra neceſſairement, & en fera vn amalgame; ce qui n'arriue point en noſtre calcination. Outre que le mercure crud s'exhalant comme on voit, à vne bien petite chaleur; cōment ſe fera-il que ce ſel mercurial, de nature ſi ſubtile, ayant penetré le vaſe demeure dans la chaux touſiours bruſlante, ſans s'en aller de viſteſſe ? D'abondant, ſi on veut trouuer dâs chacun des principes tous les trois, ie ne voy pas pourquoy ils ne ſe retreuuent dâs chacun de ceux-ci encore : & qu'on n'aille par ce chemin iuſques à l'infini. Ce ſont ſpeculations voirement ſubtiles, mais qui n'ont point de fondement en la nature.

ESSAY XXIIII.

Que ce n'eſt l'humidité attirée par la chaux qui augmente ſon poids.

N'AGUERES parlant à vn hôme docte & iudicieux, il me vient à propos de luy ouurir cette queſtion, ſur laquelle ayant aucunement penſé, il me dit ſa croyâce eſtre, que cette augmentation prouenoit de ce que la chaux par ſa grâde ſechereſſe attiroit dedans ſoy beaucoup d'humidité, qui la rendoit ainſi peſante. Mais ie ne puis approuuer cette opiniô pour les raiſons qui s'enſuiuêt. Premierement, parce que ie n'ay iamais apprins qu'vn contraire attiraſt ſon contraire : il le refuit plus toſt, ou le chaſſe s'il peut. Puis par l'humidité, il ne peut entendre vne qualité nuë, ains de l'eau ou de l'air reueſtus d'icelle. Quand eſt de l'eau d'où l'attireroit-elle n'en ayât entour ſoy ? D'air plus humide que le commun, s'en trouuera-il dans le laboratoire où la calcination ſe fait ? La chaleur du fourneau l'aura-elle pas abſorbée ? Et quand cette chaux attireroit tant d'eau ou d'air moüillé & nebuleux, iuſqu'à faire croiſtre le poids d'vne cinquieſme partie, ou enuiron, comme l'eſpreuue porte, nous aurions alors du mortier au lieu d'vne chaux ſeiche. I'adiouſte encor, qu'à l'inſtant de la calcination la chaux ſe trouuera augmentée, auât qu'elle ayt eu de temps pour faire cette attraction imaginaire.

ESSAY XXV.

Par une ſeule eſpreuue toutes les opinions contraires à la mienne ſont entierement deſtruittes.

On dit d'Hercule, qu'il n'auoit pas pluſtoſt couppé vne des teſtes de cette Hydre, qui rauageoit le Palu Lernean, qu'il en renaiſſoit deux. Ma condition eſt pareille. L'erreur que ie combats foiſonne en opinions, qui ſont autant de teſtes : ſi i'en retranche vne, on en voit naiſtre deux. Mon labeur va touſiours croiſſant : & croy-ie n'auoir iamais fait ſi ie m'employois ſeulemêt à les coupper l'vne apres l'autre. Pour luy donner la mort, il faut que ie recueille mes forces & roidiſſe mon bras, afin que d'vn ſeul coup, ie les abatte toutes. Qui voudra, prenne garde : car voyci ie luy porte ce funeſte coup. Ie viens de lire dans Hamerus Poppius, au troiſieſme chapitre de ſon liure intitulé *Baſilica Antimonij*, la nouvelle façon qu'il practique à calciner l'antimoine. Il en prend certaine quãtité, le peſe, & l'ayant pulueriſé le poſe en façon de cone ſur vn marbre, puis ayant vn miroir ardent, il l'oppoſe au Soleil, & dreſſe la pointe pyramidalle des rayons reſſechis ſur la pointe du cone de l'antimoine, qui tãdis fume abondamment, & en peu de temps, ce que les rayons touchent ſe cõuertit en vne chaux tres-blanche, laquelle il ſepare auec vn couteau, & cõduit les rayons ſur le demeurant, tant que tout ſoit blanchi : & adonc ſa calcination eſt faitte. C'eſt vne choſe admirable (adiouſte-il en ſuitte) que bien qu'en cette calcination l'antimoine perde beaucoup de ſa ſubſtance, par les vapeurs & fumées qui s'exhalent copieuſement, ſi eſt-ce que ſon poids augmente, au lieu de diminuer. Ores ſi on demande la cauſe de cette augmentation : dira Cardan que ce ſoit l'eſuanouïſſemêt de la chaleur celeſte ? Ainçois elle y eſt infuſe plus largemêt par le moyen des rayôs Solaires. Dira Scaliger que c'eſt la conſomption des parties aërées ? mais s'amenuiſant en chaux, & grandiſſant en volume, il s'en y fourre dauâtage. Alleguera Cæſalpin ſa ſuye ? Il n'y a point de feu qui en produiſe ici. Fourniroit le vaſe quelque choſe du ſien ? Certes les rayons ſe conduiſent ſi deſtrement ſur la matiere, qu'ils ne touchent point le marbre. Propoſera-on les vapeurs du charbon ? Il ne s'en vſe point en cét affaire. Pour les ſels volatils qu'on a tant ingenieuſement produits, ils perdent ici tout à fait leur ſaueur & leur grace. Par auenture mettra-on en autant l'humidité, côme quelqu'vn tout de nouueau a voulu faire. Mais d'où viendroit elle ? du marbre ? nenny, cela n'eſt pas imaginable. De l'air ? encore moins : car cette operation ſe doibt practiquer pour le mieux, aux plus chauds iours d'Eſté, dans les plus violentes ardeurs de la Canicule. Lors que tout eſt ça bas ſi eſchauſé, que meſmes à l'ombre, voire durant la nuict, l'air eſſuye les linges trempez, aſſeche les terres moüillées. Et le iour où le Soleil touche, il bazane nos teincts, fletrit les herbes, bruſle les fruicts, rend ſec le bois, tarit les lacs, abbaiſſe les riuieres, enflamme les choſes combuſtibles, comme le fumier des pigeons. Chercher de l'humidité dâs l'air pour abruuer noſtre chaux & l'appeſantir, en cette ſaiſon-là, non de nuict, ains de iour ; non à l'ombre, mais au Soleil. Nô où il eſclaire ſimplement, mais où ſes rayons ramaſſez dans vn miroir concaue ſont reflechis, auec tât de violence qu'ils fondent & calcinent les metaux : chercher là, dis-ie de l'humidité, c'eſt chercher du feu dans la glace, & vn nœud dans vn jonc, comme on parle, choſe qu'on ne ſçauroit iamais trouuer. Que maintenant on fonde en vn eſprit, tous les meilleurs eſprits du môde : que ce bel eſprit tende ſes nerfs au delà de ſes forces ; qu'il recherche attentiuement en la terre & aux cieux : qu'il foüille tous les replis de la nature : ſi ne trouuera-il la cauſe de cette augmêtation, qu'en l'air tant ſeulement que les rayons du Soleil eſchauſent, eſpeſſiſſent, & appeſantiſſent, lequel ſe meſle parmi la chaux à meſure que l'antimoine ſe calcinât s'amenuiſe, & ſe rend adherant à ſes plus tenures parties. Ce qui confirme entierement la verité de ma creance en l'augmentation du plomb & de l'eſtain : qui ne peuuent receuoir d'autre cauſe que le meſlange de l'air eſpeſſi. N'y ayant autre difference entre l'appeſantiſſement de ces deux metaux, & de celuy de l'antimoine, ſinon qu'ici l'air s'eſpeſſit par la chaleur des rayons ſolaires : & là, par la chaleur du feu commun.

ESSAY XXVI.

Pourquoi la chaux n'augmente en poids à l'infini.

AYANT ainſi rembarré les opinions contraires ; la mienne ſeule peut librement tenir la campagne. Vray eſt qu'apperceuant quelques obiections qui pourroient troubler ſes pas, voici ie va au deuât afin de les eſcarter. La premiere ſembleroit nous mener à l'abſurdité que i'ay obiectée à Cæſalpin, que mon opinion eſtât admiſe, la chaux dont ie traitte, pourra augmenter à l'infini. Car pourquoy (dira-on) n'accroiſtra infinimêt la chaux, le feu pouuant eſtre infiniment continué, qui fournira touſiours de cét air eſpez & peſât pour l'accroiſtre ? Ie me deſueloppe de cette difficulté, qui pourroit enlacer quelqu'vn des moins ſubtils : en remarquât que toute matiere qui s'accroiſt par addition d'vne autre, eſt ou ſolide, ou liquide : & que le meſlange ſe fait entr'elles de trois façons. Car ou la matiere ſolide ſe meſle auecques la ſolide, ou la liquide auecques la liquide : ou celle ci auecques l'autre. Le meſlange & accroiſſement qui ſe fait és deux premieres façons, ne reçoit point de bornes. Meſlez auec ce ſable, & y joignez touſiours d'autre ſable, vous l'irez ſans fin augmentant. Meſlez auec ce vin, & y verſez touſiours d'autre vin, vous n'aurez iamais acheué. Il n'eſt pas de meſme de la tierce façon, quâd on adiouſte & meſle vne matiere liquide auec vne ſolide : telle addition meſlangée ne croiſtra pas touſiours, n'ira point à l'infini. La nature par ſô inſcrutable ſageſſe, s'eſt ici miſe des barres qu'elle ne franchit iamais, Meſlez de l'eau auec le ſabie ou la farine, ils s'en couurirôt totalemêt, iuſqu'à la moindre de leurs parcelles: verſez-en dauantage, ils n'en prendront plus: & les retirant de l'eau, ils n'en porteront que ce qui leur adhere, & qui ſuffit à les enceindre iuſtement. Replongez-les cent & cent fois, ils n'en ſortiront pas mieux chargez: & les laiſſant dedans à repos, ils quitterôt le ſuperflu & iront à fonds par eux-mêmes: tât la nature eſt religieuſe de s'arreſter aux limites qu'elle ſe preſcript vne fois. Noſtre chaux eſt de cette condition: l'air eſpeſſi s'attache à elle, & va adherant peu à peu iuſqu'aux plus minces de ſes parties: ainſi ſon poids augmente du commencemêt iuſques à la fin: mais quand tout en eſt affublé, elle n'en ſçauroit prendre dauantage. Ne continuez plus voſtre calcinatiô ſoubs cét eſpoir; vous perdriez voſtre peine. Au reſte que cela ne vous trouble qui a eſté dit en l'eſſay vnzieſme, qu'il m'eſchappoit de dire cét air, non plus air, ains vn air deſnaturé: car ce ſôt paroles d'exés, par leſquelles ie n'entends autre choſe, ſinon que cét air a eſté deſpoüillé de cette ſubtilité liquide, qui faiſoit qu'il n'adheraſt à choſe aucune, & s'eſt rendu groſſier, peſant & adherable.

ESSAY XXVII.

Pourquoy toute autre chaux & cendre n'augmente de poids.

IE viens à vne autre obiection qu'on pourroit me faire. Pourquoy toutes autres chaux & cendres, qui se font par la force du feu, n'augmententelles de poids, aussi-bien que la chaux de l'estain & du plomb? Quel privilege ont celles-ci sur les autres? Ie responds que les choses qui se calcinent ou cendroyent sont de differente nature. Les vnes ont beaucoup de matiere exhalable & euaporable : ou bien (parlant spagyriquement) beaucoup de soulphre & de mercure, que le feu va chassât iusqu'au bout. Ici se trouue beaucoup de dechet, peu de cêdres, qui ne peuuent s'attacher tant de l'air eſpeſſi par le feu, que le dechet meſmes ſe remplace. Les autres ont peu de matiere exhalable & euaporable, ou biê, peu de ſoulphre & de mercure: peu de dechet en ſuitte: beaucoup de cendres (pour l'abondâce du ſel) qui attirent tant de l'air eſpeſſi, que nô ſeulemêt le dechet ſe ſepare, mais en outre le poids accroiſt grâdement au delà. Les pierres, vegetaux, & animaux, ſuivent cômunement le premier ordre. Le plomb & l'eſtain le ſecond. Il y a d'autres choses que la calcination porte à telle eſtenduë de volume, que quand il ſe perdroit peu ou point de matiere, le poids en deſcroiſt neantmoins de beaucoup, nô tant à l'examê de la raiſon, qu'à celuy de la balance. Tels ſont le metal Indiê, qu'on nôme Calae, & quelque eſpece de ſaffran de Mars, côme il ſe voit chés les Chymiſtes.

ESSAY XXVIII.

Si le plomb augmente de poids de meſme que l'eſtain.

I'AUROIS ſait la fin, n'eſtoit que le ſieur Brun me mande par ſa lettre, qu'ayant remarqué l'augmentation de l'eſtain, il auroit fait la meſme eſpreuue ſur le plomb, lequel il auroit trouué decheoir d'vne once pour liure : ce qui l'auroit enfoncé plus auant dans le doubte, s'eſtât imaginé qu'il y deuoit trouuer le meme ſurcroit qu'à l'eſtain, pour la proximité de leur nature, & pour le meſme proceder en leur calcination. Mais à l'eſpreuue du ſieur Brun i'oppoſe les eſpreuues de Cardan, de Scaliger, & notâmêt de Cæſalpin, ci-deuât allegué ;

difant eftre digne d'admiratiô, que le plomb noir fe calcinât augmente en poids de huict à dix liures pour cêt. Lairroy-ie ces perfonnes dans le debat pour le fouftiê chacun de fon efpreuue ? Ie fuis trop pacifique : voici leur accord fait. Le plomb eft plus pur l'vn que l'autre, foit qu'il vienne tel des minieres, foit qu'il ayt efté fondu autres fois. Les fusnommez ont trouué de l'augmêtatiô au plus pur : le fieur Brun du defcroift en l'autre.

CONCLUSION

VOYLA maintenât cette verité dôt l'eſclat frappe vos yeux ; que ie viens de tirer des plus profonds cachots de l'obſcurité. C'eſt celle-là de qui l'abord a eſté iuſqu'à preſent inacceſſible. C'eſt elle qui a fait ſuer d'ahan tout autât de doctes hômes qui la voulans accointer, ſe ſont efforcez de franchir les difficultes qui la tenoiêt enceinte. Cardan, Scaliger, Fachſius, Cæſalpin, Libauius, l'ont curieuſement recherchée, nô iamais apperceuë. D'autres en peuuêt eſtre en queſte, mais en vain ; s'ils ne ſuiuêt le chemin que ie leur ay tout-premier deſſriché & rendu royal : tous les autres n'eſtâs que ſêtiers eſpineus, & deſtours inextricables, qui ne menent iamais à bout. Le trauail a eſté mien, le profit en ſoit au lecteur, & à Dieu ſeul la gloire.

DIJON. — IMPRIMERIE DARANTIERE.

www.ingramcontent.com/pod-product-compliance
Ingram Content Group UK Ltd.
Pitfield, Milton Keynes, MK11 3LW, UK
UKHW020913180726
13838UKWH00002B/531

9 782329 343501